全国高等职业教育“十三五”规划教材
高等职业教育工学结合一体化规划教材

地质认识实训指导

主　编　杨沈生
副主编　贺　斌　侯希楠
主　审　蔡秋景

黄河水利出版社
·郑州·

内 容 提 要

本书是针对地质类及相关专业大一的学生在野外(兴城地区)进行地质认识实训编写的指导书。把最新的规范融入了教材,对应知应会的野外知识做了较全面的介绍。采用项目模块、任务驱动的教学方法,分为8个项目,分解为32项任务。主要内容包括:兴城地区地质概述;矿物识别、岩石鉴别、构造识别;常用的野外地质编录;实训报告的编写;兴城地区实训地质路线;针对野外实训学生遇到的问题,增加了能力拓展项目:罗盘的使用技巧和罗盘的结构、如何画信手剖面图、地质素描图的画法。

本书可供资源勘查类、地质类及相关专业的高职学生,以及从事地质生产的一线人员和中职学生野外生产使用。

图书在版编目(CIP)数据

地质认识实训指导/杨沈生主编.—郑州:黄河水利出版社,2020.1

全国高等职业教育"十三五"规划教材 高等职业教育工学结合一体化规划教材

ISBN 978-7-5509-2394-2

Ⅰ.①地… Ⅱ.①杨… Ⅲ.①地质学-高等职业教育-教学参考资料 Ⅳ.①P5

中国版本图书馆CIP数据核字(2019)第106385号

组稿编辑:陶金志 电话:0371-66025273 E-mail:838739632@qq.com

出 版 社:黄河水利出版社 网址:www.yrcp.com

地址:河南省郑州市顺河路黄委会综合楼14层 邮政编码:450003

发行单位:黄河水利出版社

发行部电话:0371-66026940、66020550、66028024、66022620(传真)

E-mail:hhslcbs@126.com

承印单位:河南承创印务有限公司

开本:787 mm×1 092 mm 1/16

印张:11.5

字数:380千字 印数:1—1 000

版次:2020年1月第1版 印次:2020年1月第1次印刷

定价:34.00元

《地质认识实训指导》
编审委员会

前 言

《地质认识实训指导》是辽宁省职业教育改革发展示范学校建设项目的校企合作教材，本书是针对地质类及相关专业高职学生在野外(兴城地区)进行地质认识实训编写的指导书。把最新的规范融入了教材，对应知应会的野外知识做了较全面的介绍。采用项目模块、任务驱动的教学方法。

本书内容具有如下特色：

(1)本书为校企合作开发教材。

(2)本书使用对象为资源勘查类、地质类及相关专业的高职学生，以及从事地质生产的一线人员及中职学生野外生产使用。

(3)本书分为8个教学项目，分解为32项任务。主要内容包括：兴城地区地质概述；矿物识别、岩石鉴别、构造识别；常用的野外地质编录；实训报告的编写；兴城地区实训地质路线；针对野外实训学生遇到的问题，增加了能力拓展项目：罗盘的使用技巧和罗盘的结构、如何画信手剖面图、地质素描图的画法。

(4)本书在内容上插入了小技巧、小贴示等知识链接，使学生在学习过程中自然而然地接受知识。教材中的插图，大部分是编者在生产、实践教学中收集到的资料。

(5)在地质路线中增加大了工程地质、环境地质相关的问题及解决方案，宽泛了本教材的专业适用广度。

本书由辽宁地质工程职业学院杨沈生担任主编，辽宁地质工程职业学院贺斌、侯希楠担任副主编。具体编写分工如下：前言、项目4、项目5、项目8由杨沈生编写；项目1、项目6、项目7、附录由贺斌编写；项目2、项目3由侯希楠编写。全书由杨沈生统稿。

在本书编写过程中，参考了兄弟院校的兴城地区实训指导，把最新的地质规范引入教材，也有部分内容引自网络。根据出版要求，除公开出版的专业教材、专著、论文等在参考文献中注明外，尚有部分引用资料未能一一标明出处，对此编者深表歉意。辽宁省地质评审专家、教授级高工蔡秋景审阅了全书，并提出了很好的修改建议；黄河水利出版社给予了大力支持。在此，编者一并致以衷心的感谢！

由于编者水平有限，书中难免有谬误与疏漏之处，恳请读者不吝指教。

编 者

2019年10月

目 录

项目1　兴城地区地质概述

任务1　自然地理概况

教学基地位于辽宁省兴城市东部新立屯钓鱼台海滨。兴城市位于辽宁省西南部，地处华北与东北两大经济协作区的交会地带，东邻锦州，北靠葫芦岛，西连山海关，南濒渤海辽东湾。在行政区划上，兴城市隶属于辽宁省葫芦岛市。在地貌上，该区属于辽西山地黑山丘陵的东部边缘，区域为海滨丘陵地貌。海拔一般为20～500 m，相对高差200～350 m。最高点位于兴城市西北的九龙山，海拔558.7 m。山体的总体走向为北东向，地势总体上西北高、东南低。发源于兴城市西北青山—笔架山—大虹螺山一带的六股河、烟台河、兴城河和西北河，自西北向东南流动，最终汇入辽东湾。

葫芦岛—兴城市属于北半球暖温带亚湿润气候区。这里气候温和，干湿相宜，冬无严寒，夏无酷暑。1月平均气温-8 ℃，7月平均气温24 ℃，年平均气温9 ℃，年降水量约620 mm。3月平均风速为5.0 m/s，1月和8月平均风速为3.6 m/s，全年平均风速为4.2 m/s。暑期7～9月，海水温度24 ℃，海滩沙面温度31～33 ℃（人体适宜温度为30～40 ℃）。滨海地区环境优美，空气中负离子含量4 000个/cm^3，比一般城市高出10～20倍。

兴城市交通发达，设施完备，公路、铁路、海运、空运形成了立体化运输网络。京哈铁路、京哈公路和京哈高速公路横贯全境，交通十分便利（见图1-1）。兴城基地绝大部分实习点

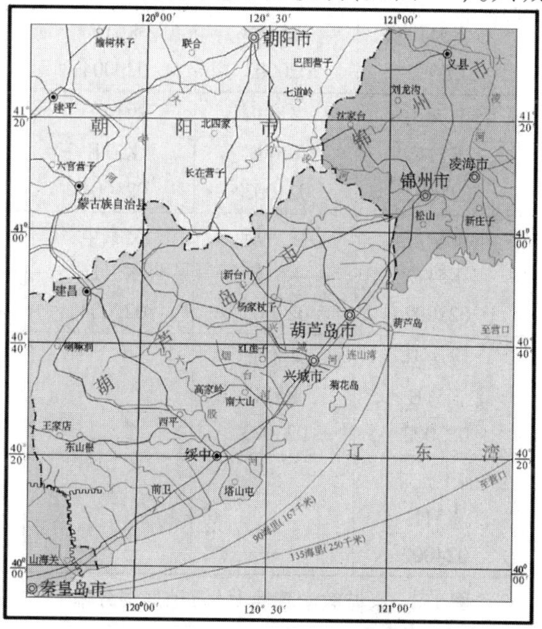

图1-1　兴城教学基地地理位置图

都分布在兴城市及其周围地区,直线距离一般不超过25 km,且交通十分方便。教学实习的核心区域位于兴城市西北的杨家杖子一带,该区域距兴城市约30 km,有公路相通,交通十分便利。

任务2　兴城地区区域地质概况

兴城地区较系统的区域地质研究工作仍然是1966～1967年由辽宁省地质局区域地质测量队一分队完成的1:20万区域地质调查K－51－(25)(锦西幅)和K－51－(31)(兴城幅),地质图的说明书极其简单。1983年,辽宁省地质局区域地质调查队重新对1:20万幅和兴城幅地质图进行了修编,并且编写了详细的区域地质调查报告。这是目前兴城—葫芦岛地区最基础的区域地质资料。20世纪80年代编制的《东北地区区域地层表》,1989年、1997年编写的《辽宁省区域地质志》《辽宁省岩石地层》等辽宁省区域地质系列性总结对本区的区域地层、岩浆活动及构造有所概括。辽宁地矿局有关地质队还进行过区内数幅1:5万矿产地质调查工作。此外,有关研究院所、地勘、矿山部门也在区内进行过一些专题性研究工作。

兴城地区前侏罗纪区域大地构造位置位于华北板块(华北地台)北部燕山台褶带东段。

兴城教学基地1:5万地形图分幅如图1-2所示。

瓦房子镇 K51E 018001	黑牛营子乡 K51E 018002	南　票 K51E 018003	虹螺岘 K51E 018004	锦州市 K51E 018005
娘娘庙乡 K51E 019001	白马石乡 K51E 019002	钢屯镇 K51E 019003	老官堡乡 K51E 019004	天桥镇 K51E 018005
药王庙镇 K51E 020001	郭家镇 K51E 020002	杨家杖子镇 K51E 020003	锦西市 K51E 020004	锦州港 K51E 020005
八家子镇 K51E 021001	南大山 K51E 021002	兴城市 K51E 021003	钓鱼台 K51E 021004	
大王庙 K51E 022001	东辛庄 K51E 022002	沙后所 K51E 022003	吴家屯 K51E 022004	
前卫镇 K51E 023001	绥中县 K51E 023002	24高地 K51E 023003		
高岭镇 K51E 024001	前王虎屯 K51E 024002			

图1-2　兴城教学基地1:5万地形图分幅

1　区域地层发育概况

1.1　太古宙片麻状花岗岩中的表壳岩

在兴城西南部台里和葫芦岛东北部等地太古宙片麻状花岗岩中含有斜长角闪岩、二云片岩等变质表壳岩包体，1∶20 万地质图（锦西幅、兴城幅）归入太古宇建平岩群。

1.2　中、上元古界长城系、蓟县系、青白口系

中国燕山地区中、新元古代为大陆板块（地台）边缘裂陷槽环境，发育一套地台型海相碎屑岩、富镁碳酸盐岩及黏土岩。层型剖面位于天津蓟县城北至长城近 24 km 范围内，本套地层厚度巨大（可达万米），出露良好，富含微体化石和叠层石，成为国内外同时期地层对比标准之一。在天津蓟县剖面，该套地层划分为 3 个系 12 个组，自下而上为长城系（包括常州沟组、串岭沟组、团山子组、大红峪组、高于庄组）、蓟县系（包括杨庄组、雾迷山组、洪水庄组、铁岭组）、青白口系（包括下马岭组、长龙山组、井儿峪组）。

上述地层单元名称中，长城、蓟县、串岭沟、大红峪、高于庄、杨庄、雾迷山、洪水庄、铁岭、井儿峪等，均由高振西 1934 年选自蓟县城北山区地名；常州沟为 1964 年俞建章建议命名，地点为蓟县北长城脚下山村；团山子为陈晋镳 1962 年命名于蓟县北山村名；下马岭为叶良辅 1920 年创名于北京门头沟雁翅镇下马岭；长龙山名称最初由郝贻纯 1954 年创名“龙山砂岩”，地点在北京昌平龙山。1975 年北京市地层表因“龙山”命名重复，改称“长龙山组”。

兴城地区位于燕山裂陷槽东段，中、上元古界总体上可与蓟县剖面对比，但有些单元岩相特征、接触关系等方面有所不同。

1.2.1　长城系（Ch）

兴城地区长城系主要分布于东部兴城白庙子、韩家沟、葫芦岛、寺儿堡、高桥一带。

1. 常州沟组（Chc）

本组俗称“常州沟砂岩”或“长城石英岩”（高振西，1934）。

常州沟组在蓟县标准剖面由三段组成：一段以紫红色砾岩、砂砾岩为主；二段以黄色、微红色长石石英砂岩、细砾岩为主；三段以灰白色、粉红色石英岩状砂岩为主。总厚 859 m。主要特征是河流相黄褐色、浅红色砂砾岩的滨海河流相白色石英砂岩，大型交错层理发育。

在兴城地区本组分为下、中、上三部分：下部灰色中细粒石英长砂岩、含砾长石砂岩，底部为紫红色石英岩质中细砾岩及花岗岩质巨砾岩；中部灰黑色薄层含云母板状粉砂岩、板状页岩夹黄灰色细粒石英砂岩；上部黄灰色灰白色中厚层、厚层中粗粒长石石英砂岩夹长石砂岩。

在葫芦岛海滨及韩家沟月亮山等地，可见本组底部砾岩与下伏太古宙片麻状花岗岩为沉积接触。

在葫芦岛地区，本组厚 128 m（辽宁省区域地质志，1989）。

2. 串岭沟组（Ch*ch*）

本组俗称“串岭沟页岩”（高振西，1934）。

在蓟县标准剖面，本组划分为三段：一段以黄褐色含铁细砂岩为主；二、三段以黑色、深灰色页片状粉砂质页岩粉砂岩为主，黑色页岩中含微古植物化石。总厚 880 m。本组主要为浅海相潮间带沉积。区域上本组底部常形成铁矿（宣龙式）。

在兴城地区，本组分为上、下两部分：下部为黑灰色、灰色粉砂岩、粉砂质页岩夹黄色长

石砂岩数层;上部为黄灰色含云母粉砂质页岩、粉砂岩夹长石砂岩薄层。

在葫芦岛地区,本组以含铁页岩为主,厚度 275.5 m(辽宁省区域地质志,1989)。

3. 团山子组(Ch*t*)

本组俗称"团山子白云岩"。

在蓟县标准剖面,本组划分为二段:一段以深灰色含铁白云岩及粉砂质泥晶白云岩为主,二段以含粉砂泥晶白云岩为主夹灰黄色砂岩和粉砂质页岩。二段地层中发现丰富的叠层石和微古植物,叠层石以层状、层柱状为主。总厚 523 m。

在兴城地区 1∶20 万地质图(锦西幅)上未划出本组地层。但辽宁省区域地质志(1989)称锦西葫芦岛因受断裂影响,本组上部层位缺失,仅发育下部层位,厚 382 m,为深灰色、灰黄色、灰紫色薄层,中厚层白云岩,含粉砂含铁白云岩、燧石条带或转换白云岩、碎屑白云岩夹细砂岩及钙质页岩。

在葫芦岛地区,本组白云岩中采得叠层石 *Gruneria*、*Kussiella*、*Xiayingella* 等。

4. 大红峪组(Ch*d*)

本组俗称"大红岭石英岩"(高振西,1934)。

在蓟县标准剖面,本组分为三段:一段灰白色石英岩状砂岩和长石石英砂岩(俗称小白石英岩)夹硅质、钙质页岩和翠绿色富钾页岩;二段下部为白色巨厚层石英岩状砂岩、长石石英砂岩,上部为富钾火山岩;三段为含燧石泥晶、细晶白云岩和燧石条带白云岩。白云岩中叠层石以层柱状、球状、瘤状为特点。总厚 408 m。本组一、二段砂岩为滨海河滩相,三段白云岩为滨海潮坪相。

在兴城地区,本组分上、下两部分:下部浅红色中粗粒长石砂岩,底部为灰质胶结石英砂岩质砾岩、花岗质砾岩;上部灰白色巨厚层石英岩夹绿色凝灰质砂岩,灰白、黄灰色长石石英砂岩夹 3 ~4 层白云岩。

1∶20 万地质图(锦西幅)和辽宁省区域地质志(1989)均认为,在锦西、兴城等地本组直接超在常州沟组或"绥中花岗岩"之上,本组厚 511.4 m,在兴城三道沟本组白云岩采得叠层石 *Conophyton dahongyuensis*(大红峪锥叠层石)。

5. 高于庄组(Ch*g*)

本组俗称"高于庄灰岩"(高振西,1934),是一套以碳酸盐岩占绝对优势(95% 以上)的地层。

在蓟县标准剖面,高于庄组分为四段:一段以灰色、灰黑色燧石白云岩为主,其底部为厚 3 m 的石英岩状砂岩;二段以灰色、粉红色含锰白云岩为主;三段以灰色板状泥质白云岩为主;四段以泥晶白云岩为主,底部有沥青质白云岩。白云岩中含丰富叠层石,以复杂分叉的柱状、锥状为特征。总厚 1 596 m。

在兴城地区本组分为三段:下段为灰褐色灰黑色厚层燧石条带含锰白云岩,含锰粉砂质白云岩、灰黑色薄层砂岩夹含锰粉砂岩,中段为灰白色薄板状白云岩、薄层白云岩,含砂质结核,夹石英砂岩扁豆体;上段为黑灰色厚层燧石条带白云岩。厚达 1 592 m。辽宁省区域地质志(1989)记载,在兴城三道沟本组采集叠层石为 *Conophyton*(锥叠层石)、*Scopulimorpha*、*Stratifera* 等。

1.2.2 蓟县系(Jx)

兴城地区蓟县系分布较广泛,主要在中部、西部区域。

1. 杨庄组(Jxy)

本组俗称“杨庄页岩”(高振西,1934)。

在蓟县标准剖面上,本组分为三段:一段为紫红色、灰白色砂泥质白云岩夹粗晶白云岩及燧石结核白云岩;二段为紫红色、灰白色砂质泥晶白云岩互层,层面具泥裂、食盐假晶等;三段为灰白色、紫红色泥质白云岩与燧石条带白云岩互层。含丰富叠层石。总厚 707 m。与下伏高于庄组平行不整合接触。杨庄组在蓟县地区具特殊的红色或红、白相间色,属潟湖相蒸发盐建造。

在兴城地区杨庄组分上、下两部分:下部灰色、灰黑色燧石条带白云岩夹紫色薄层白云岩及石英砂岩扁豆体;上部灰色、浅灰色厚层白云岩、燧石条带白云带。总厚 622 m。相对于蓟县地区,兴城地区的杨庄组不具典型的红色层。

辽宁省区域地质志记载,兴城三道沟本组厚 456. 1 m,含叠层石 *Conophyton*(锥叠层石)、*Yangzhuangia*(杨庄叠层石)等。

2. 雾迷山组(Jxw)

本组俗称“雾迷山灰岩”(高振西,1934)。富镁碳酸盐岩占绝对优势(达 99% 以上),分布范围最广,是整个中、上元古界中沉积厚度最大的组。

本组在蓟县标准剖面上划分为四段:一段下部为灰白色中厚层含粉砂泥晶白云岩与燧石条带白云岩互层;上部为灰色中层及厚层含燧石条带粗晶白云岩、沥青质白云岩夹灰白色厚层含粉砂泥晶白云岩。偏上部见白色、黑色硅质小型叠层石白云岩。二段下部由灰色厚层燧石细晶白云岩、沥青质纹层状白云岩及穹状叠层石白云岩和燧石层组成韵律层;上部由灰白色片状含粉砂泥晶白云岩、杂色厚 - 巨厚层粗晶含灰白云岩、深灰色纹层状沥青质白云岩、燧石条带白云岩及黑色燧石岩构成韵律层。三段底部为紫红色粉砂泥状白云岩;下部由灰、浅灰色含粉砂泥晶白云岩、含灰白云质砂砾岩、泥晶灰质白云岩、黑色燧石条带和硅质层构成韵律层;上部为深灰色厚层泥晶灰质白云岩,含灰白色硅质条纹和条带;顶部鲕粒白云岩、泥晶灰质白云岩及紫红色中层碎屑泥质白云岩,具硅质条带、条纹及礁状穹形叠层石。四段底部灰红色白云质砂岩、砂质白云岩;下部灰白色含灰粗晶白云岩和深灰色燧石条带白云岩及葡萄状藻屑白云岩、沥青质白云岩、叠层石白云岩;上部浅灰色燧石条带白云岩及葡萄状藻屑白云岩、沥青质白云岩、叠层石白云岩;上部浅灰色燧石条带白云岩、厚层叠层石白云岩。总厚 3 340 m。上述标准剖面上,一、二段硅质白云岩中小型柱状、杯状叠层石发育,区域分布稳定,是重要的标志层。三段燧石形状复杂,有放射状、葡萄状、暖气片状;叠层石为大型锥柱状。四段灰质白云岩中含沥青质块体,缝合线发育,偶见黄铁矿晶体等,都是区域上重要的追索标志。总体沉积相为滨海 - 浅海 - 滨海,多韵律交替。

在兴城地区雾迷山组分上、下两部分:下部灰色、灰黑色中 - 厚层燧石条带及结核白云岩夹砂质层多层;上部灰色、黑灰色中厚层燧石条带白云岩、条纹状白云岩夹浅粉紫色薄层含砂白云岩及石英砂岩扁豆体,其中砂质层(可作油石)多层。总厚 3 176 m。辽宁省区域地质志(1989)称锦西、兴城附近本组上部夹硅质鲕状白云岩、泥质角砾岩,兴城三道沟白云岩中采集叠层石 *Scyphus*、*Conophyton*(锥叠层石)等。

3. 洪水庄组(Jxh)

本组俗称“洪水庄页岩”(高振西,1934)。

在蓟县标准剖面,划分为二段:一段为黑、黑绿色纸片状伊利石页岩夹薄层白云岩;二段由黑色、绿色纸片状页岩夹石英砂岩。总厚 131 m。本组总体为浅海潮下带沉积。

在兴城地区洪水庄组为灰绿色页岩夹石英砂岩、黑色纸片状页岩、灰绿色页岩夹薄层泥质白云岩。总厚 72 m。

4. 铁岭组(Jxt)

本组俗称“铁岭灰岩”(高振西,1934)。

本组在蓟县标准剖面上划分为二段。下段底部为中层砂岩,向上为页岩与含锰白云岩互层;上部以杂色页岩为主。上段下部为含锰白云岩与白云质灰岩,向上为巨大的叠层石礁体灰岩,顶部为白云质灰岩。富含叠层石,以蓟县叠层石出现数量最多,形态多为穹状,多分叉,具峭壁。总厚 333 m。上述下段地层在北京密云以西局部形成铁矿层(四海式铁矿);以东地区含锰增多,局部(朝阳瓦房子)形成铁锰矿层(瓦房子锰矿)。

在兴城地区铁岭组为褐紫色薄层含锰页岩夹厚层锰灰岩及锰矿扁豆体,浅灰色厚层燧石条带含锰白云岩、灰色中细粒石英砂岩。总厚 62 m。

1.2.3 青白口系(Qn)

1. 下马岭组(Qnx)

本组俗称“下马岭页岩”(高振西,1934)。

本组在标准剖面,河北怀来县赵家山剖面(杜汝霖,1979)划分为四段:一段由燧石角砾岩,含铁砂岩、细砂岩及杂色粉砂质页岩组成;二段以紫红色、鲜绿色纸片状页岩为主,夹泥灰岩透镜体,底部有海绿石砂岩;三段以灰黑色、黑色纸片状含碳页岩及粉砂质页岩为主,夹灰白色薄板状硅质岩;四段以灰黄色－灰绿色粉砂质页岩、含碳页岩及钙质页岩为主,夹薄层泥灰岩透镜体。总厚 530 m。本组总体属潮间至潮下带沉积。燕山东部地区本组底部铁矿层渐变为锰矿层。

在燕山地区,蓟县纪铁岭期末,发生“芹峪上升”,致使青白口系下部下马岭组与铁岭组之间发生沉积间断。下马岭组及其上部层位与蓟县系在区域上形成较大规模的超覆。

在兴城地区,原 1:20 万地质图(锦西幅)未列出下马岭组的存在,是否缺失本组需要进一步详细研究。

2. 长龙山组(Qnc)

长龙山组为原称“井儿峪灰岩”(高振西,1934)下部的一套碎屑岩,1954 年郝贻纯称“龙山砂岩”;1975 年华北前寒武子座谈会建议称“龙山组”;1976 年发现“龙山组”与南方龙山系重名,故改称长龙山组。

长龙山组在蓟县城北骆驼岭标准剖面上分为二段:下段底部为含砾砂岩和砾岩,中部长石石英砂岩、石英砂岩,上部海绿石砂岩;上段为杂色页岩,底部夹海绿石砂岩和长石砂岩透镜体。总厚 118 m。

兴城地区原 1:20 万地质图(锦西幅)完成于 1969 年,故未划分出长龙山组。但其原称井儿峪组底部的灰白色厚层燧石角砾岩,中下部灰白薄层中粒含砾石英砂岩、黄灰色薄层含海绿石石英砂岩及紫色灰绿色页岩、英绿色粉砂质页岩。可以单独划出,称长龙山组。

3. 井儿峪组(Qnj)

1934 年高振西建立“井儿峪灰岩”。后来“井儿峪灰岩”下部碎屑岩被分出单独建立长龙山组。现称井儿峪组仅为碳酸盐岩组合。在蓟县井儿峪组标准剖面,本组主要为一套红色、灰绿色、蛋青色、灰褐色薄层含泥白云质泥晶灰岩。最低部常有一层含海绿石粗粒长石砂岩或细砾岩。总厚112 m。

在兴城地层,原划分井儿峪组上部为紫色薄层板状灰岩,可划出作为现今井儿峪组。井儿峪组灰岩与其上下寒武统之间为平行不整合接触。其间经历较长时期沉积间断。

1.3 下古生界

本区下古生界仅发育有寒武系和奥陶系。

1.3.1 寒武系

段吉业长期致力于辽西寒武纪地层及三叶虫动物群的研究,并进行系统总结。根据段吉业(2003)元石山剖面、虹螺岘团山子剖面、马鞍山剖面及1:20万区调资料,对区内寒武系综合叙述如下。

1. 昌平组($\in_1c$)

原1:20万地质图(锦西幅)及《辽宁省区域地质志》(1989)均称老庄户组。现采用燕山地区统一标准称昌平组。

昌平组为张文佑1935年创名于北京昌平龙山,原称"昌平灰岩"。

昌平组是燕山地区寒武纪最早沉积,其时代大致相当于早寒武世晚期沧浪铺期至龙王庙期。昌平组与青白口系井儿峪组之间为平行不整合接触,代表了长时期的沉积间断。

兴城地区昌平组为黄灰色角砾状白云质灰岩,黄灰色厚层结晶白云质灰岩(顶部含燧石条带),厚59 m。

2. 馒头组($\in_1m$)

馒头组由 Willis 和 Blackwelder 于1907年创名于山东长清张夏的馒头山,称"馒头页岩"。

兴城地区馒头组为褐红色、紫红色含砾粉砂岩、紫红色泥岩与砖红色页岩。厚35 m。

本区馒头组时代大致相当于早寒武纪龙王庙期晚期。

3. 毛庄组($\in_2mz$)

毛庄组为卢衍豪、董南庭于1953年创名于山东张夏地区。

兴城地区毛庄组下部为土黄色、黄绿色、紫红色页岩、粉砂质页岩夹灰色中层、薄层泥质灰岩,厚34.7 m;上部为紫红色粉砂质页岩,厚57.3 m。本组下部有:*Redlichia*(莱得利基虫)、*Probowmania*(原波曼虫)等三叶虫。本区毛庄期生物地层的重要特征是华北地区早寒武世标准化石 *Redlichia* 与中寒武世褶颊虫类的 *Probowmania* 共生。代表 *Redlichia* 类三叶虫在华北地区的最高层位。

4. 徐庄组($\in_2x$)

徐庄组由卢衍豪、董南庭1953年创名于山东张夏地区。

兴城地区徐庄组下部为紫红色、灰绿色泥岩、页岩夹薄层泥质灰岩、鲕粒灰岩,厚22 m;上部为紫红色页岩、泥岩、灰绿色粉砂岩与深灰色鲕粒灰岩、泥质灰岩。总厚68.3 m。

本组产 *Bailiella*(毕雷氏虫)、*Lioparia*(光褶虫)等。

5. 张夏组($\in_2z$)

张夏组是 Willis 和 Blackwelder 于1907年创名于山东张夏,称"张夏石灰岩"。

兴城地区张夏组以深灰色、紫灰色厚层鲕状灰岩为主,夹薄层泥质灰岩、竹叶状砾屑灰色及灰绿色页岩。厚144.5 m。

产有:*Poshania*(博山虫)、*Dorypygella*(小叉尾虫)、*Damesella*(德氏虫)等。

6. 崮山组($\in_3 g$)

崮山组由 Wellis 和 Blackwelder 1907 创名于山东张夏崮山,称“崮山页岩”。

兴城地区崮山组以灰色薄层、中层鲕粒灰岩、泥质灰岩、叠层石灰岩为主,底部为一层紫红色泥质粉砂岩。厚 67.6 m。

本组产有 *Blackwelderia*(蝴蝶虫)等。

7. 长山组($\in_3 c$)

长山组由孙云铸 1923 创名于河北唐山赵各庄,称“长山沟建造”。

兴城地区长山组以紫红色含竹叶状砾屑鲕粒灰岩、竹叶状砾屑灰岩及泥质条带灰岩为主。厚 10 m。

本组含 *Kaolishania*(蒿里山虫)等。

8. 凤山组($\in_3 f$)

凤山组为孙云铸 1923 年创名于河北唐山赵各庄。

兴城地区凤山组以紫灰色泥质条带灰岩、竹叶状砾屑灰岩为主。厚 54.8 m。

本组含 *Tinania*(济南虫)、*Ptychaspis*(褶盾虫)、*Changia*(章氏虫)、*Mictosukia*(杂索克虫)等。

1.3.2 奥陶系

1. 冶里组($O_1 y$)

冶里组由 Grabau 于 1922 年创名于河北唐山开平镇冶里村,称“冶里石灰岩”。

兴城地区冶里组以灰色中层及中厚层白云质灰岩、花纹状灰岩为主,下部夹有竹叶状砾屑灰岩。厚 103 m。

下奥陶统冶里组与下伏上寒武统凤山组为整合接触。

2. 亮甲山组($O_1 l$)

亮甲山组由叶良辅、刘季辰 1919 年创名于河北抚宁县石门寨亮甲山,称“亮甲山灰岩层”。

兴城地层亮甲山组为灰色中厚层灰岩、白云质灰岩,灰岩普遍含燧石结核。厚 110 m。

3. 马家沟组($O_2 m$)

马家沟组由 Grabau 1922 年创名于河北唐山开平镇马家沟村,称“马家沟石灰岩”。

兴城地区马家组可分上、下两部分:下部为薄层结晶灰岩、中厚层含燧石结核白云质灰岩;上部为灰色花纹状含燧石结核白云质灰岩,夹微薄层灰岩。含头足类:*Amenoceras*(阿门角石)。厚 346 m。

中奥陶统马家沟组沉积后,区内和华北地台大部分地区一同处于沉积间断,缺失上奥陶统、志留系、泥盆系及下石炭统,直到晚石炭世早期方下降接受沉积。

1.4 上古生界

区内上古生界仅发育上石炭统本溪组和二叠系。

1.4.1 石炭系

上石炭统本溪组($C_2 b$):

本溪组一名为赵亚曾 1926 年创名于辽宁本溪牛毛岭。

本溪组广泛分布于华北各地,为中奥陶统之上长期间断后形成的一套海、陆交互相碎屑岩夹灰岩。其底部常含有古风化壳型铁矿层(称山西式铁矿)和铝土矿层。

兴城地区本溪组底部为褐铁矿层或含铁质底砾岩;上部为灰黑色页岩、铝土质页岩。厚6~30 m。

1.4.2 二叠系

1. 太原组(C_2-P_1t)

太原组为翁文灏、Grabau于1922年创名,地点为山西太原西铭月门沟七里沟。长期以来华北地区太原组时代被置于晚石炭世。但是近年来我国石炭、二叠系界限研究已同国际接轨,将含*Pseudoschwagerina*(假希氏蜓)或*Sphaeroschwagerina*(球希氏蜓)的蜓带底界作为二叠系底界。因而在山西晋祠柳子沟标准剖面上,将含*Pseudoschwagerina*的太原组中上部(庙沟灰岩以上层位)划入二叠系,称太原阶(中国区域年代地层表,2002),太原组下部含*Triticites*(麦蜓)的层位(吴家峪灰岩、晋祠砂岩及半沟灰岩)作为石炭系顶部,建立晋祠阶。因而华北各地的原称太原组地层时代大部分为石炭、二叠系过渡地层。

兴城地区太原组底部为铝土质胶结中细砾岩,向上为黄绿色、黑灰色页岩、铝土质页岩、炭质页岩夹粗粒长石砂岩及数层煤层。厚10~15 m。本组碎屑岩中含植物化石:*Nearopteris*(脉羊齿)、*Sphenophyllum*(楔叶)等。杨家杖子榆树屯黑色角岩化页岩中产海相化石腕足类、瓣鳃类等。

2. 山西组($P_{1-2}s$)

山西组由Blackwelderia和Willis于1907年在山西太原创名。

兴城地区山西组下部为黄褐色厚层泥质胶结含砾粗粒石英砂岩,上部为灰绿色页岩夹炭质页岩及煤线,含菱铁矿结核。厚40~80 m。

本组含植物化石:*Lepidodendron*(鳞木)、*Pecopteris*(栉羊齿)、*Nearopteris*(脉羊齿)、*Sphenophyllum*(栉羊齿)等。

3. 石盒子组($P_{2-3}s$)

石盒子组为Norin 1922年创名于山西太原东山陈家峪石盒子沟,俗称"石盒子系",并分下石盒子系和上石盒子系。

兴城地区本组下部为灰白、灰黄色含砾石英砂岩和含砾长石砂岩,上部为紫红色含砾长石石英砂岩、紫红色薄层细砂岩,含植物化石,厚108 m。

4. 蛤蟆山组(P_3h)

在华北广大地区二叠三叠系过渡地层单元为石千峰群。石千峰群为Norin 1922年创名于山西太原西山石千峰山一带。1959年刘鸿允确定了石千峰群顶界在三叠系二马营组之下,并将石千峰群自下而上划分为三个组,以山西宁武-静乐盆地附近村名,分别命名为孙家沟组、刘家沟组、和尚沟组。后在华北广为引用。但是由于石千峰群主要为陆相红色碎屑岩,化石稀少,其时代归属一直不很明确。近年来,随着相关地层古生物研究深入,基本确定石千峰群下部孙家沟组归属二叠系,中上部刘家沟组与和尚沟组归属下三叠统(中国区域年代地层表,2002)。

在辽西地区与石千峰群相当地层非常发育,总体岩貌大致相当。辽宁省区域地质志(1989)将辽西地区相当于石千峰地层下部称石千峰组,置于晚二叠世;上部称红砬组,置于早三叠世。并认为石千峰组与下伏上石盒子组,与上覆红砬组均为平行不整合接触。

1997年《辽宁省岩石地层》将辽西地区石千峰群下部称蛤蟆山组、上部称红砬组,并认为:在辽西小区本群"下与石盒子组,上与后富隆山组均为平行不整合接触,且群内二组亦为平行不整合接触”。

蛤蟆山组原名由松泽勋1935年创名于锦西虹螺岘蛤蟆山，称蛤蟆山统，但其原始含义包括现今下石盒子组至后富隆山组等大套地层。辽宁省煤矿管理局地勘局（1962）将其中的一层砾岩称蛤蟆山砾岩，辽宁地研所（1992）称蛤蟆山组；《辽宁省岩石地层》（1997）采用蛤蟆山组作为石千峰群下部组。

蛤蟆山组地层标准剖面，1989年《辽宁省区域地质志》选择锦西大红石砬子剖面（时称石千峰组），其下部为灰白色砂质胶结石英岩质中粗砾砾岩（狭义蛤蟆山砾岩）：中上部为紫灰色中细粒长石石英砂岩、紫红色薄层含砾石英砂岩与砂质页岩互层。厚37.3 m。1997年《辽宁省岩石地层》将杨家杖子笔架山剖面选为蛤蟆山组正层型，其下部为黄灰色厚层中砾泥砂质胶结石英岩质砾岩（24.48 m）；中部为灰色薄－中厚层粗粒泥质胶结岩屑杂砂岩（13.48 m）；上为灰色、暗灰色薄层岩屑凝灰岩、灰黑色泥岩（24.83 m）。总厚62.79 m。

“蛤蟆山砾岩”砾石成分为石英岩质，个体直径达20～40 cm，俗称“人头砾岩”。

在红石砬子剖面，本组含植物化石，其时代属晚二叠世晚期（董国义，1982）。

1.5 中生界

区内中生界较为发育，但连续性较差，且各断代地层分布于数个独立盆地内。

1.5.1 三叠系

1. 红砬组（T_1h）

红砬组由张丽旭1943年创名于锦西南票大红石砬子村，称红砬统。《辽宁省区域地质志》（1989）、《辽宁省岩石地层》（1997）均将红砬组限定为区内相当石千峰群的上部地层。均选择辽宁区调队1969年测制的锦西南票大红石砬子剖面为标准（层型）剖面。其下部为紫色砂岩、砾岩、紫色粉砂岩；中部为浅灰紫色砂岩夹灰绿色中粗粒砂岩；上部为具大型交错层理的浅灰紫色砂岩。总厚520.0 m。

根据在喀左杨树沟附近含植物化石，本组时代属早三叠世（郑少林，张武，1984）。

2. 后富隆山组（T_2hf）

后富隆山组由张武、董国义1982年创名于锦西市南票大红石砬子村。代表平行不整合于红砬组之上的一套碎屑岩组合。

本组主要为黄色复成分砾岩，灰及灰黑色、黄色长石杂砂岩、粉砂岩夹灰色页岩和灰白色凝灰岩组合。厚46.2 m。与下伏石千峰群红砬组紫色岩层平行不整合接触。

本组含有双壳类及植物化石。根据其生物组合，其时代为中三叠世晚期。

1.5.2 侏罗系

辽西地区侏罗系较为发育，沉积区限于小型山间盆地内。其中，下侏罗统为碎屑岩煤系地层，由羊草沟组、兴隆沟组和北票组组成；中侏罗统为碎屑－火山岩地层，由海房沟组和髫髻山组构成；上侏罗统发育碎屑岩系，为土城子组。

1. 羊草沟组（J_1y）

原1∶20万地质图（锦西幅）称郭家店组。

《辽宁省岩石地层》（1997）将郭家店组作为羊草沟组同物异名。

羊草沟组由金维静1962年创立于北票羊草沟。以黄灰色、灰白色砂岩、砾岩为主，夹灰绿色、黄绿色粉砂岩、页岩、碳质页岩及煤线，含动、植物化石。

1∶20万地质图（锦西幅）内原称郭家店组下部为黄色安山质、石英质中砾岩夹长石砂岩;上部为黄灰色安山质砾岩、长石砂岩与紫色页岩互层夹碳质页岩及薄煤三层,产植物化石。总厚197 m。根据区域对比,应相当于羊草沟组。

2. 兴隆沟组(J_1x)

兴隆沟组由潭锡畴1931年创名于北票兴隆沟,称兴隆沟层。为一套中基性火山岩。

1:20万地区图(锦西幅)兴隆沟组下部为紫灰色、灰黑色辉石安山岩、玄武岩;中部为灰白色、灰黄色安山质/黄安质熔岩角砾岩、火山角砾岩夹凝灰岩,可相变为安山质砾岩;上部为灰黄色安山质玄武岩。总厚884 m。

3. 北票组(J_1b)

北票组由谭锡畴1931年创名于北票煤田,称北票系。为一套碎屑岩夹煤系地层。

1:20万地质图(锦西幅)中北票组为灰白、灰黄、灰绿色凝灰质砂岩夹碳质页岩及薄煤两层。产植物化石。厚446 m。

4. 海房沟组(J_2h)

海房沟组主要发育于金岭寺－羊山盆地的一套火山－碎屑岩地层,被西田彰一1943年命名为金岭寺统,《辽宁省岩石地层》(1997)称金岭寺群,自下而上包括海房沟组、髫髻山组和土城子组。

海房沟组由室井渡1942年创名于北票海房沟附近,称海房沟砾岩层。

在海房沟标准剖面上本组由灰白色、黄灰色复成分砾岩夹长石石英砂岩及流纹质火山碎屑岩组成,顶部夹页岩。

兴城地区龙回头海滨发育一套多成分砾岩,《辽宁省区域地质志》(1989)将其划入海房沟组。

海房沟组区域上不整合于下侏罗统北票组之上。

5. 髫髻山组(J_2t)

髫髻山组为叶良辅1920年创名于北京门头沟刘公沟,称“髫髻山层”。

原1:20万地质图(锦西幅)称蓝旗组(J_2l),广泛分布于图幅北西部。《辽宁省区域地质志》亦称蓝旗组。1997年《辽宁省岩石地层》认为蓝旗组与髫髻山组为同物异名,因蓝旗火山岩创名较晚(由赵宗溥、何铸文1959年创名于北票蓝旗),而将其归入后者。

区内髫髻山组下部为灰黄色、灰紫色安山岩、辉石安山岩、安山质熔岩角砾岩互层;上部为黑灰色、紫灰色安山玄武岩,橄榄玄武岩夹安山质砾岩、凝灰质砂岩。总厚2 276 m。

6. 土城子组(J_2tc)

土城子组由林朝綮1942年创名于北票土城子,称“土城子砾岩层”。后来被广泛引用,代表一套陆相河流相碎屑岩,具类磨拉石特征。

区内土城子组分为三段:一段为紫红色、灰绿色薄层凝灰质细砂岩;二段为紫灰色、灰绿色凝灰质胶结安山质、石灰质中细砾岩夹凝灰质砂岩;三段为灰绿色凝灰质砂岩、灰绿色中粗粒长石砂岩。总厚1 775 m。

土城子组化石十分稀少,其时代争议较大,一种为中侏罗世,另一种属晚侏罗世。根据区域上土城子组发现的叶肢介、孢粉及恐龙 *Chaoyoangosaurus*(朝阳龙)化石等综合分析,其时代总体为中侏罗世晚期至晚侏罗世早期。《中国区域年代地层表》(2002)将其置于晚侏罗世早期(土城子阶)。

土城子组沉积后,华北大部分地区处于长时期间断剥蚀,华北南北缘还发育大型逆冲推覆构造。直到早白垩世(局部为晚侏罗世最晚期)才开始接受沉积,中国北方进入一次重要裂陷盆地发育期。

1.5.3 白垩系

中国燕山－辽西地区,早白垩世发育举世闻名的热河群,并盛产多门类无脊椎动物恐龙、鸟类及早期被子植物化石而被称为世界"古生物宝库"。

区内下白垩统热河群自下而上为义县组、九佛堂组、冰沟组构成。关于热河群的时代归属,目前国内已趋于明朗,置于早白垩世(中国区域年代地层表,2002)。

1. 义县组(K_1y)

义县组由室井渡1940年创名于义县,称"义县火山岩类"。

燕山地区区域上义县组主体为中基性火山岩,大体上由下部火山岩系、中部含化石碎屑岩系、上部火山岩系组成。

中部碎屑岩系(凝灰质页岩)中含丰富热河动物群化石,鱼类:*Lycoptera*(狼鳍鱼)、叶肢介 *Eosetheria*(东方叶肢介);昆虫:*Ephemeropsis*(拟蜉蝣);双壳类 *Ferganoconcha*(费尔干蚌)及恐龙、鸟类与早期被子植物化石。

兴城地区义县组广泛分布,下部为黄灰色、紫红色中细砾岩,流纹质晶屑凝灰岩、砾石成分复杂,因地而异。上部为灰色黑云安山岩、橄榄安山玄武岩、安山质集块岩,火山角砾岩夹凝灰质粉砂岩、砾岩数层。总厚度大于500 m。

2. 九佛堂组(K_1j)

九佛堂组为远藤隆次1934年创名于喀左县九佛堂附近。王鸿祯、刘本培(1980)厘定九佛堂组为义县组火山岩之上的湖相碎屑岩组合。含热河生物群化石。

区内九佛堂组为灰绿色粉砂岩、页岩夹多层劣质油页岩、灰色灰质中细砾岩。厚度大于1 000 m。

3. 冰沟组(K_1b)

冰沟组为陈晋镳等1959创名于建昌三家子－冰沟村。北京地质学院古生物教研室(1960)对冰沟组含义厘定为覆于湖相的九佛堂组之上的碎屑岩煤系地层。

区内冰沟组下部为紫色薄层粉砂质页岩、黄灰色砾岩、凝灰质粉砂岩夹煤线,中部为灰色、灰黄色石灰质、安山质中细砾岩、凝灰质砂岩,上部为紫色、灰绿色粉砂岩、粉砂质页岩夹黄色长白砂岩。厚度大于2 465 m。

1.6 新生界

新生代燕山地区整体处于隆升剥蚀阶段,未有沉积,仅局部地区发育有第四系更新统棕红色粉砂质黏土和淡黄色土(Q_{2-3})以及全新统现代山区河床砂砾沉积(Q_4)。

2 区城岩浆岩

实习区内岩浆岩发育,主要岩浆侵入活动有四个时期:华北地台基底形成阶段的大古宙(新太古代)、古元古代,大陆板内变形活化阶段的印支期、燕山期。

2.1 太古宙花岗岩

在兴城西南沿海地区分布有大量花岗质岩石,1966～1968年,辽宁省地质局区域地质测量队在进行1:20万锦西幅、兴城幅区城地质调查时,根据花岗质岩石具有强烈变形和被中元代地层角度不整合覆盖等特征,将其称为太吉代(现应为太古宙)混合花岗岩。1983年辽宁省地质局区域地质测量队对1:20万锦西幅、兴城幅地质图进行修编时,称为绥中花岗岩(ArSy),认为其主要岩石类型以混合花岗岩为主,约占95%。按照现今研究观察,所谓绥中花岗岩可能包含众多岩石类型,主要有花岗岩、黑云母二长花岗岩、花岗闪长岩做长花岗谷、黑公母花岗岩、似斑状花岗岩、片麻状花岗岩、片麻状一长花岗岩和片麻岩。

2.2 吕梁期、印支期、燕山期侵入岩

1983年辽宁省地质局区域地质测量队对1:20万锦西幅、兴城幅地质图进行修编时查明兴城地区古元古代吕梁期、中生代印支期和燕山期侵入岩概况。

中生代燕山期花岗岩在兴城地区分布范围较广。

早白垩世杨树沟、杨家杖子、新台门、白塔峪、歪桃山地区分布的代表岩性有花岗斑岩、花岗岩、石英二长岩、闪长玢岩。主要特征是岩体侵入下白垩统义县组;同位素年龄:新台门1.2亿年,侵入中侏罗世第二阶段岩体中的化岗斑岩脉1.17亿年。

晚侏罗世姜家屯、钢屯、中兰家沟、杨家杖子、上草白沟、张家屯地区分布的代表岩性有细粒花岗岩、细粒黑云母花岗岩、细粒花岗闪长岩,主要特征是岩体侵入中侏罗世第二阶段花岗岩;同位素年龄:中兰家沟1.549亿年、1.42亿年,张家屯1.45亿年。

中侏罗世长茂河子、拉拉屯、西沟门地区分布的代表岩性为有辉绿岩,主要特征是岩体侵入中侏罗统土城子组,被下白坚统义县组不整合覆盖及早白垩世花岗斑岩侵入。

杨家权子张相公市—旧门、齐家屯、八家子、圣宗庙地区分布的代表岩性有似岩状花岗岩、肉红色中粗粒花岗岩,主要特征是岩体侵入下侏罗统及中侏罗世第一阶段花岗岩,被下白垩统义县组不整合覆盖及晚侏罗世细粒花岗岩侵入;同位素年龄:杨家杖子—张相公屯1.777亿年、1.87亿年,裴家屯—旧门1.558亿年。

碱厂、大英吕、菊花岛、八家子北山地区分布的代表岩性有黑云母花岗岩、花岗闪长岩、石英二长闪长岩、石英闪长岩,主要特征是岩体侵入下侏罗统,被中侏罗世第二阶段花岗岩侵入及下白垩统义具组不整合覆盖;同位素年龄:碱厂1.6亿年、1.63亿年,大英昌1.77亿年、1.683亿年。

中生代(三叠纪—早侏罗世)印支期花岗岩代表岩体是松树卯,白马石水泉的闪长岩、黑云母闪长岩、黑云母二长闪长岩,有少量石英闪长岩,主要特征是岩体侵入下三叠统,被下白垩统义县组不整合覆盖。同位素年龄:松树卯1.932亿年,水泉2.398亿年。

古元古代吕梁期花岗岩代表岩体是锦西的花岗岩、花岗闪长岩,主要特征是岩体侵入太古宙片麻状黑云母二长花岗岩,被长城系大红峪组不整合覆盖。

3 区域地质构造发展史

见项目4任务5“区域地质构造发展史”。

项目2 矿物识别

任务1 矿物的肉眼鉴别标志

矿物是天然产出的,具有一定的化学结构和物理性质的单质或化合物,是组成岩石或矿石的基本单元。矿物具有一定的化学成分和物理性质,是因为其内部的质点(原子、离子等)呈有规律的排列。这种有规律排列的固体称为晶体。

由于每种矿物都具有其特定的内部构造,这就决定了各种矿物都具有其特定的外部形态和物理性质,因此绝大多数情况下,我们无须进行化学分析,仅根据其外部形态和主要物理性质即可鉴别常见矿物。矿物的主要鉴别标志有以下几方面。

1 矿物的形态

矿物的形态是指矿物的外形特征,一般包括矿物单体及同种矿物集合体的形态。矿物形态受其内部构造、化学成分和生成时的环境制约。

1.1 单晶形态

1.1.1 结晶质和非晶质矿物

大多数造岩矿物是结晶质,少数为非晶质。结晶质矿物内部质点(原子、分子或离子)在三维空间有规律重复排列,形成空间格子构造,如食盐为立方晶体格架。这种有固定几何形态的结晶称为晶体,如岩盐呈立方体,水晶呈六方柱和六方锥等。在结晶质矿物中,还可以根据肉眼能否分辨而分为显晶质和隐晶质两类。常见的非晶质矿物有玻璃矿物和胶体矿物两种,如火山玻璃是高温熔融状的火山物质经迅速冷却而成的,蛋白石是由硅胶凝聚而成的。

1.1.2 矿物的结晶习性

在相同条件下生长的同种晶粒,总是趋向于形成某种特定的晶形的特性称为结晶习性。尽管矿物的晶体多种多样,但归纳起来,根据晶体在三度空间的发育程度不同,可分为以下三类:

(1)一向延长晶体,沿一个方向特别发育,其余两个方向发育差,呈柱状、棒状、针状、纤维状等。

(2)二向延长晶体,沿两个方向发育,呈板状、片状、鳞片状等。

(3)三向延长晶体,在三度空间发育,呈等轴状、粒状等。

常见的矿物单晶体形态有:

(1)片状、鳞片状,如云母、绿泥石等。

(2)板状,如长石、板状石膏等。

(3)柱状,如角闪石(长柱状)、辉石(短柱状)等。

(4)立方体状,如岩盐、方铅矿、黄铁矿等。

(5)菱面体状,如方解石、白云石等。

1.2 矿物集合体形态

同种矿物多个单体聚集在一起的整体就是矿物的集合体。矿物的集合体的形态取决于单体的形态和它们的集合方式。集合体按矿物结晶粒度大小进行分类,肉眼可分辨其颗粒的称为显晶质矿物集合体,肉眼不能辨认的则称为隐晶质矿物集合体或非晶质矿物集合体。

常见的矿物集合体形态有:

(1)粒状,如橄榄石等。

(2)纤维状,如石棉、纤维石膏等。

(3)肾状、鲕状,如赤铁矿等。

(4)钟乳状,如褐铁矿等。

(5)土状,如高岭石等。

(6)块状,如石英等。

2 矿物的物理性质

每种矿物均有一定的物理性质,主要取决于矿物本身的化学成分与内部结构。矿物的物理性质包括颜色、条痕、光泽、透明度、解理与断口、相对密度、硬度等,是鉴定矿物的主要特征。

2.1 颜色

颜色是矿物对可见光波吸收的结果。矿物的颜色是多种多样的,主要取决于矿物的化学成分和内部结构。按颜色的成因分类可分为:

(1)自色。自色是矿物固有的颜色,是与矿物的化学成分相关的颜色。如黄铁矿是铜黄色,黑云母为黑色,橄榄石是橄榄绿色。

(2)他色。矿物中混有杂质时形成的颜色称他色。他色不固定,与矿物本身性质无关,对鉴定矿物意义不大,如纯石英晶体是无色透明的,而当石英含有不同杂质时,就可能出现乳白色、紫红色、绿色、烟黑色等多种颜色。

(3)假色。由于矿物内部裂隙或表面氧化膜对光的折射、散射形成的颜色称假色,如方解石解理面上常出现的彩虹。例如晕色、锖色、变彩等。

描述矿物颜色时,要先确定其主要的色彩,再写明是否为金属色。不同成因,甚至同种成因条件下的同种矿物颜色都可能不同或有差异。

2.2 条痕

矿物在白色无釉的瓷板上划擦时留下的粉末的颜色称为条痕。条痕可消除假色,减弱他色,常用于矿物鉴定。某些矿物的条痕与矿物的颜色是不同的,如黄铁矿为浅铜黄色,而条痕是绿黑色。条痕色更适用于一些深色矿物,对浅色矿物无鉴定意义。

2.3 光泽

光泽指矿物表面反射光线的能力,它是用来鉴定矿物的重要标志之一。根据矿物平滑表面反射光的强弱,可分为:

(1)金属光泽。矿物平滑表面反射光强烈闪耀,如方铅矿、黄铁矿、黄铜矿、辉钼矿等。

(2)半金属光泽。矿物表面反射光较强,如磁铁矿、黑钨矿、赤铁矿等。

(3)非金属光泽。透明和半透明矿物表现的光泽。

据反光程度和特征又可划分为:

(1)金刚光泽(见图 2-1)。矿物平面反光较强,如金刚石。

(2)玻璃光泽(见图 2-2)。反光如镜,如石英晶体表面。

(3)油脂光泽。类似于油脂的反光,多出现在矿物凹凸不平的断口上,如石英断口。

(4)珍珠光泽(见图 2-3)。状若珍珠或贝壳内面出现的乳白色彩光,如白云母薄片等。

图 2-1　金刚光泽

图 2-2　玻璃光泽

图 2-3　珍珠光泽

(5)丝绢光泽(见图 2-4)。出现在纤维状矿物集合体表面,状若丝绢,如石棉、绢云母等。

(6)土状光泽(见图 2-5)。矿物表面反光暗淡如土,如高岭石和铝土矿等。

图 2-4　丝绢光泽

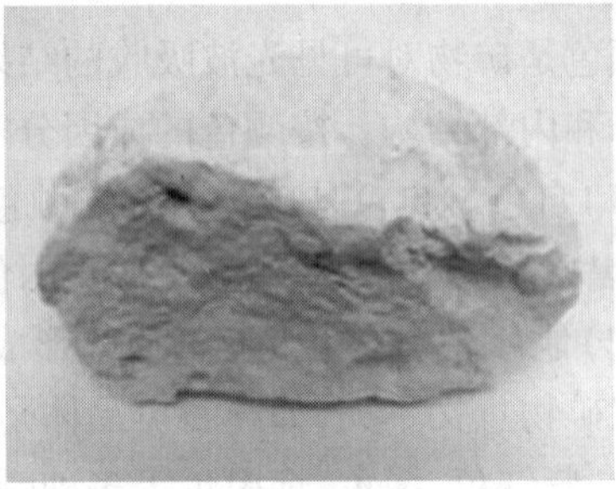

图 2-5　土状光泽

2.4　透明度

透明度指矿物透过可见光的程度。观察矿物的透明度时要使矿物样本具有相同的厚度,肉眼观察时可在矿物碎片的边缘进行。根据矿物透明程度,将矿物划分为三类:

(1)透明矿物。如水晶、冰洲石等。

(2)半透明矿物。如滑石等。

(3)不透明矿物。如黄铁矿、磁铁矿等。

2.5　解理与断口

矿物晶体在外力作用下(如敲打、挤压等)沿着一定方向发生破裂并裂成光滑平面的性质称为解理,这些光滑的平面称为解理面。如矿物受外力作用,在任意方向破裂并呈各种凸凹不平的断面(如贝壳状、锯齿状等),则这样的断面称为断口。

通常根据矿物晶体受力后出现解理的难易程度、解理面的大小及光滑程度、解理片的薄厚等，将解理分为以下5级：

(1)极完全解理。如云母。

(2)完全解理。如方解石。

(3)中等解理。如长石和角闪石。

(4)不完全解理。如磷灰石和绿柱石。

(5)极不完全解理。即解理极不发育，则矿物容易产生断口。如石英、石榴子石。

对一些无解理、裂开的矿物，在外力作用下产生的破裂称为断口。常见的断口形态有贝壳状断口(如石英)、平坦状断口(如蛇纹石)、参差状断口(如黄铁矿)、锯齿状断口(如石膏)。

2.6　相对密度

矿物都由其特有的物质组成，因而各自具有不同的相对密度。肉眼鉴定是，只用手估的方法，将矿物的密度分为三级：大多数矿物的相对密度在2.5～4，称为中等矿物；相对密度小于2.5的矿物称为轻矿物(如岩盐、石膏等)；相对密度大于4的称为重矿物(如黄铁矿、磁铁矿等)。

2.7　硬度

硬度是指矿物抵抗外力作用(如刻划、压入、研磨)的能力。由于矿物的化学成分和内部结构不同，其硬度也不相同，所以硬度是进行矿物鉴定的一个重要特征，目前常用10种已知矿物组成摩氏硬度计(见表2-1)作为标准。为了方便鉴定矿物的相对硬度，还可以用指甲(2.5)、小钢刀(5.5)作为辅助标准，从而确定待鉴定矿物的相对硬度。

表2-1　摩氏硬度计标准矿物

摩氏硬度	1	2	3	4	5	6	7	8	9	10
标准矿物	滑石	石膏	方解石	萤石	磷灰石	正长石	石英	黄玉	刚玉	金刚石

2.8　其他物理形式

矿物的其他物理性质，比如弹性和挠性、脆性和延展性、磁性、导电性、压电性和放射性等，在矿物鉴定上都有重要的意义。

在鉴定矿物的时候，常常先辨别是单晶体还是集合体，之后准确描述以上方面的特征，选择矿物最突出的特征作为鉴定标志，确定矿物种类。

任务2　常见的矿物识别

最常见的主要造岩矿物近20种。它们的共生组合规律及其含量不仅是鉴定岩石名称的依据，而且显著地影响岩石的物理力学性质，如表2-2所示。

表 2-2　常见造岩矿物的主要特征

矿物名称	形态	物理性质				主要鉴定特征
		颜色	光泽	硬度	解理、断口	
石英	六棱柱状或双锥状、粒状、板状	无色、乳白色或其他色	玻璃光泽、断口为油脂光泽	7	无解理、贝壳状断口	形状,硬度
正长石	短柱状、板状、粒状	肉色、浅玫瑰色或近于白色	玻璃光泽	6	二向完全解理,近于正交	解理、颜色
斜长石	长柱状、板条状	白色或灰白色	玻璃光泽	6	二向完全解理,斜交	颜色、解理面上有细条纹
白云母	板状、片状	无色、灰白色至浅灰色	玻璃或珍珠光泽	2 ~ 3	一向极完全解理	解理、薄片有弹性
黑云母	板状、片状	深褐、黑绿色至黑色	玻璃或珍珠光泽	2.5 ~ 3	一向极完全解理	解理、颜色、薄片有弹性
角闪石	长柱状、纤维状	深绿色至黑色	玻璃光泽	5.5 ~ 6	二向完全解理,交角近 56°	形状、颜色
辉石	短柱状、粒状	褐色黑、棕黑色至深黑色	玻璃光泽	5 ~ 6	二向完全解理,交角近 90°	形状、颜色
橄榄石	粒状	橄榄绿色、淡黄绿色	油脂或玻璃光泽	6.5 ~ 7	通常 X 解理,贝壳状断口	颜色、硬度
方解石	菱面体、块状、粒状	白色、灰白色或其他色	玻璃光泽	3	三向完全解理	解理、硬度、遇盐酸强烈起泡
白云石	菱面体、块状、粒状	灰白色、淡红色或淡黄色	玻璃光泽	3.5 ~ 4	三向完全解理,晶面常为弯曲呈鞍状	解理、硬度、晶面弯曲、遇盐酸起泡微弱
石膏	板状、条状、纤维状	无色、白色、灰白色	玻璃或丝绢光泽	2	一向完全解理	解理、硬度
高岭石	鳞片状、细粒状	白色、灰白色或其他色	土状光泽	1	一向完全解理	性软、黏舌、具有可塑性
滑石	片状、块状	白色、淡黄色、淡绿色或浅灰色	蜡状或珍珠光泽	1	一向完全解理	颜色、硬度、触抚有滑感
绿泥石	片状、土状	深绿色	珍珠光泽	2 ~ 2.5	一向完全解理	颜色、薄片无弹性、有挠曲
石榴子石	菱形十二面体、二十四面体、粒状	棕色、棕红色或黑红色	玻璃光泽	6.5 ~ 7.5	无解理,不规则断口	形状、颜色、硬度

在野外地质认识实习中,还会见到以下矿物的富集(见表 2-3 ~ 表 2-9),富集程度高的,可以称为矿石。

表 2-3　方铅矿特征

名称:方铅矿(PbS)	颜色:铅灰色 (条痕灰黑色)	 
形态:立方体、八面体, 粒状集合体	硬度:2~3	
光泽:金属光泽	透明度:不透明	
解理:三组完全解理	密度:7.4~7.6	

表 2-4　闪锌矿特征

名称:闪锌矿(ZnS)	颜色:浅黄色、黄褐色、铁黑色; (条痕浅黄白色至浅褐色)	
形态:四面体、菱形十二面体, 粒状集合体	硬度:3.5~4	
光泽:半金属光泽	透明度:半透明至不透明	
解理:六组完全解理	密度:3.9~4.2	

表 2-5　黄铜矿特征

名称:黄铜矿($CuFeS_2$)	颜色:黄铜色(条痕绿黑色) 暗黄蓝紫色锖色	
形态:致密块状粒状集合体	硬度:3~4	
光泽:金属光泽	透明度:不透明	
解理:四组不完全解理	密度:4.1~4.3	

表 2-6　辉钼矿特征

名称:辉钼矿(MoS_2)	颜色:铅灰色(条痕亮灰色)	
形态:六方板状、片状, 片状、鳞片状集合体	硬度:1	
光泽:金属光泽	透明度:不透明	
解理:一组极完全解理	密度:5.0	

表 2-7　辉锑矿特征

名称:辉锑矿(Sb_2S_3)	颜色:铅灰色(风化面为 蓝色的锖色,条痕灰黑色)	
形态:柱状、针状, 放射状或晶簇状集合体	硬度:2	
光泽:金属光泽	透明度:不透明	
解理:一组完全解理	密度:4.6	

表 2-8　黄铁矿特征

名称:黄铁矿	颜色:浅铜黄色 (条痕黑色,有时有褐色锖色)	
形态:立方体、五角十二面体、八面体	硬度:6～6.5	
光泽:金属光泽	透明度:不透明	
解理:无,性脆	密度:4.9～5.2	

表 2-9　铝土矿特征

名称:铝土矿($Al_2O_3 \cdot nH_2O$)	颜色:灰白至棕红色 (条痕白色)	
形态:豆状、块状、土状产出	硬度:低于小刀	
光泽:土状光泽	透明度:不透明	
解理:隐晶质,不可见解理,平坦状断口	密度:因组分不同而有所变化	

在野外实习中,要注意各种矿物的主要鉴定特征,并注意矿物间的共生关系,以此判断岩石的种类和生成条件。

项目 3　岩石鉴别

岩石是地质作用的产物，岩石中保存地壳形成与演化的记录，岩石是组成地壳的基本成分。所以，对岩石的观察、认识、研究是最重要、最基础的地质工作。

根据形成岩石的地质作用不同，把岩石分为岩浆岩、沉积岩、变质岩三大类。一般来说，三大类岩石在成分、结构构造及产状等方面各具特征，彼此之间有明显的区别，研究方法也不尽相同，但有时并不能截然分开，其间有的逐渐过渡，有的由于形成的地质作用不是孤立的，不能简单地归为哪一种成因。实际上，三大类岩石彼此有密切联系，其相互演变的关系可用图 3-1 表示，不过这种演变关系并不是简单的循环重复，而是不断地向前发展的。

三大类岩石的分布情况各不相同，沉积岩主要分布于大陆地表，占陆壳面积的 75%；距地表越深，则岩浆岩和变质岩越多，沉积岩越少。据统计，岩浆岩占地壳体积的 66%，变质岩占 20%，沉积岩占 9%。

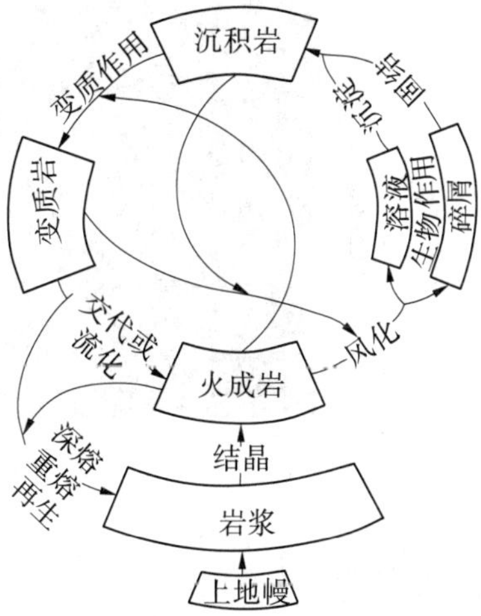

图 3-1　三大岩类的互相转化

任务 1　沉积岩的观察

任务要求

1. 掌握各类沉积岩的基本特征。

2. 熟练掌握沉积岩主要特征的描述、测量。

3. 了解利用沉积岩的基本特征及岩石组合进行初步的地质研究，包括对沉积环境的分析，岩石地层单元的划分等。

沉积岩分类如表 3-1 所示。

表 3-1　沉积岩分类

沉积岩类别	碎屑岩	碳酸盐岩	黏土岩
常见岩石	粗碎屑岩（砾岩） 中碎屑岩（砂岩） 细碎屑岩（粉砂岩）	灰岩 白云岩 内碎屑岩	黏土 泥岩 页岩

1 沉积岩

1.1 粗碎屑岩

粒径大于 2 mm 的碎屑含量在 50% 以上,并为其他物质所胶结的岩石,称为粗碎屑岩(砾岩,见图 3-2)。

图 3-2 砾岩(龙回头海岸)

1.1.1 颜色

应尽可能指出总的颜色,观察时要分别观察风化面和新鲜面的颜色,要特别注意新鲜面的颜色。新鲜面的颜色是岩石成分和其形成环境的反映。

1.1.2 结构

结构是粗碎屑岩重点描述的内容之一。描述时应先指出岩石的总体结构,如砾状结构、角砾状结构,然后进一步描述其结构特征。包括以下几方面内容:

(1)砾石大小。最大、最小、一般大小,并估计各种大小砾石的含量,说明和统计其分选性,即碎屑颗粒粗细的均匀程度。大小均匀者,为分选良好;大小混杂者,为分选差。

(2)碎石圆度。说明砾石形状(扁圆体、圆球体、椭球体等)及磨圆的好坏和球度,即碎屑颗粒棱角的磨损程度。棱角全部磨损者称为圆形,棱角大部分磨损者称为次圆形,棱角部分磨损者称为次棱角形,棱角完全未磨损者称为棱角形。碎屑中 50% 以上为圆状和次圆状的称为砾岩,砾岩是碎屑物质经过搬运磨圆或沉积物再搬运再沉积的产物。碎屑中 50% 以上为棱角状和次棱角状的称为角砾岩,角砾岩是碎屑未经搬运或短距离搬运或某种介质搬运后快速堆积的产物。

(3)砾石表面特征。砾石表面光泽和光滑程度,有无刻划痕、压坑、擦痕和毛玻璃化等现象。

1.1.3 砾石成分及含量

砾石成分及含量是粗碎屑岩重点描述的内容之一。研究砾石的成分具有重要的地质意义,是判断母岩性质最直接、最可靠的标志。砾石成分多为岩石碎屑(单矿物碎屑极少),对砾石成分的鉴定就是对构成该砾石的某类岩石的鉴定。故鉴定时应从砾石的颜色、表面特征、“断口”特征(如贝壳状、平坦状、砂状等)、矿物组成及岩石物理性质入手。

砾石成分主要为一种,且含量在75%以上,可定为单成分砾岩(角砾岩)。常见的砾石成分有石英、燧石、石英岩、硅质岩等。砾石成分十分复杂时,各种岩石的砾石都可能出现,但其含量均不超过50%,可定为复成分砾岩(见图3-3)。复成分砾岩的砾石常分选不好、圆度不高,可根据其中主要砾石成分来命名。此外,还应估计砾石的百分含量以及各种成分的砾石相对含量。

图3-3 复成分砾岩(龙回头海岸)

1.1.4 填隙物成分及含量

填隙物包括杂基和化学胶结物。杂基是指与碎屑同时沉积的、粒度小于0.01 mm的机械破碎物质,其类型包括起填隙作用的黏土、细粉砂或灰泥等,但不包括孔隙水沉淀的自生矿物。

胶结物是指存在于碎屑颗粒间孔隙内的化学沉淀物质。胶结物本身的性质包括非晶质的、结晶质的、晶粒的大小形状排列等。胶结物成分较复杂,有碳酸盐质矿物、硅质矿物、磷质矿物、铁质矿物和黏土矿物等,观察并估计胶结物占整个岩石的百分含量。应分别描述。

1.1.5 支撑类型和胶结类型

支撑类型有杂基支撑和颗粒支撑。确定支撑类型主要是观察碎屑颗粒是否彼此接触,若碎屑颗粒彼此接触,则为颗粒支撑,其胶结类型为孔隙式胶结或接触式胶结;若碎屑颗粒彼此不接触,呈漂浮状,则为杂基支撑,其胶结类型为基底式胶结类型。

1.1.6 构造

注意砾石的排列方式,特别是有无定向排列、有无叠瓦状、有无层理构造等。如有,则加以详细描述。

1.1.7 命名

根据砾岩和角砾岩分类,确定基本名称。再根据颜色、填隙物成分、粒度等综合命名。通常采用“颜色+胶结物+砾石成分+结构+基本名称”(如钙质胶结石灰岩质粗砾岩)。

1.2 中碎屑岩

碎屑粒径在2~0.05 mm,并且含量在50%以上的碎屑岩称为砂岩(见图3-4、图3-5)。砂岩主要由砂粒、杂基和胶结物三部分组成,有时可混入一定数量的砾石和粉砂。

图 3-4 粗砂岩(夹山路线)

图 3-5 砂岩(龙回头海岸)

1.2.1 颜色

颜色包括新鲜面及风化面的颜色。新鲜面颜色是岩石成分及形成环境的反映。如石英砂岩,由于成分单一,故多为浅色。而岩屑砂岩,因组成成分复杂,岩屑成分增加,使岩石颜色变深而多为灰黑色、灰绿色等。当然,对有意义的次生色也应描述。

1.2.2 结构

砂岩具砂状结构,应尽量估计砂粒的大小,如粗粒、中粒、细粒或不等粒砂状结构;同时估计其相应的百分含量,确定其分选性。在估计粒度时,可用已知粒级的砂样管进行对比。用放大镜观察确定碎屑的磨圆情况,描述其磨圆度。磨圆程度一般分为磨圆、次圆、次棱角、棱角四个等级。

1.2.3 构造

主要在野外观察,手标本上能见到的构造应加以描述,如小型交错层理构造、平行层理构造等。

1.2.4 碎屑成分及含量

首先大致估计出碎屑在整个岩石中的含量,然后按由高到低的顺序分别描述各碎屑成分的特征及其在碎屑中的含量。粒径 2 ~ 0.5 mm 为粗粒砂岩,粒径 0.5 ~ 0.25 mm 为中粒砂岩,粒径 0.25 ~ 0.05 mm 为细粒砂岩。

砂级碎屑颗粒较小,要在手标本上鉴定其成分确有一定困难。但只要掌握几点具鉴定意义的特征是可能初步鉴定出来的。

常见的碎屑特征如下:

(1)石英:浅色,一般为灰白色,透明或半透明,表面因磨蚀而呈毛玻璃状,具贝壳状断口和油脂光泽,无解理,硬度大。

(2)长石:肉红色或灰白色,新鲜者可见闪光的解理面,具玻璃光泽,硬度大于小刀。经风化蚀变的长石碎屑光泽暗淡,形似黏土,但仍具碎屑轮廓,以此可与黏土杂基区别。具解理和玻璃光泽,可与石英区别。

(3)云母:片状,白色珍珠光泽者为白云母,黑云母则为墨绿色或褐色片状。

(4)岩屑:多为暗色颗粒,肉眼难以定出具体成分。

1.2.5 填隙物成分及含量

(1)杂基:要求区别杂基和胶结物。杂基在标本上一般为浅色,疏松,无一定形态,充填于粒间孔隙内。其含量要认真估计，当杂基含量<15%时，为净砂岩；当杂基含量>15%时，则属于杂砂岩。净砂岩又可分为石英砂岩类、长石砂岩类和岩屑砂岩类三类（见表3-2）。

表3-2 砂岩成分分类

岩类名称	岩石名称	主要碎屑颗粒含量（%）			说明
		石英	长石	岩屑	
石英砂岩	石英砂岩	>90	<10	<10	
	长石质石英砂岩	75~90	2~25	<15	长石>岩屑
	岩屑质石英砂岩	75~90	<15	5~25	岩屑>长石
	长石岩屑质石英砂岩	50~70	<25	<25	
长石砂岩	长石砂岩	<75	>25	<25	长石>岩屑
	岩屑质长石砂岩	<65	25~75	10~50	
岩屑砂岩	岩屑砂岩	<75	<25	>25	岩屑>长石
	长石质岩屑砂岩	<65	10~25	25~75	

（2）胶结物：应确定出胶结物的成分及相应的含量。常见的胶结物有碳酸盐质、硅质、铁质及磷质等。

①碳酸盐质胶结物：白色或乳白色，硬度低，加稀盐酸（5%）起泡者为方解石，加稀盐酸不起泡、加浓盐酸起泡者为白云石。

②硅质胶结物：浅色，岩石致密坚硬。

③铁质胶结物：暗红色、褐色，断口致密。

④磷质胶结物：暗褐色、灰黑色，断口致密，加浓硝酸后再加钼酸铵出现黄色沉淀物。

⑤自生矿物：除胶结物外，对一些特殊的自生矿物如海绿石、黄铁矿等也应加以描述。

（3）胶结类型：与粗碎屑岩相同，关键是确定支撑类型及碎屑与胶结物之间的关系。

1.2.6 命名

根据碎屑成分及其含量在砂岩三角分类图中投点，确定其岩石的基本名称，然后根据填隙物成分或特殊的自生矿物、颜色、结构等进行综合命名。格式通常是：颜色+填隙物（特殊自生矿物）+结构（粒度）+基本名称。

其中胶结物占岩石总量的10%以上时，以“×.×质”命名。如果为特殊物质组分时，含量小于5%也参加命名，如暗红色铁质中粒石英砂岩、绿色海绿石细粒石英砂岩等。

1.3 粉砂岩

1.3.1 粉砂岩的分类

按碎屑大小则可分为粗粉砂岩（0.06~0.03 mm）和细粉砂岩（0.03~0.004 mm）。

1.3.2 粉砂岩的观察和描述内容

粉砂岩的研究方法和描述内容与砂岩略同。但由于粉砂岩颗粒细小，故在手标本中难以辨认碎屑和胶结物成分。其外貌与泥岩类似，区别是岩石断口之处略有粗糙的感觉。另外，由于粉砂颗粒细小，不易磨圆，故所有粉砂岩的碎屑均呈棱角状。

对于粉砂岩的命名仍按砂岩的命名原则和方式进行，即：颜色+胶结物+结构+基本名称。

在粉砂岩中还要注意石盐假晶、各种结核、生物活动遗迹(虫孔)及各种生物化石的寻找。

1.4 泥质岩类

泥质岩由于粒度很细,故用肉眼鉴定其成分是十分困难的,对泥质岩的研究必须采取一系列仪器的测验手段与方法,如差热分析法、扫描电镜法、X 射线粉晶衍射法、红外线吸收光谱法、有机试剂染色法、油浸法及化学分析等。但最基本的还是肉眼及显微镜的观察。

1.4.1 颜色

颜色取决于泥质岩的矿物成分和所含的杂质,质纯的单矿物黏土岩多呈浅色(白色、浅绿色、浅黄色或浅红色)。当混入杂质时,颜色就会改变,如混入有机质变为黑色;,混入铁的氧化物或氢氧化物时,则呈黄色、红色。颜色还能反映其工业性质,如鲜红色、紫红色或褐色黏土不能作为耐火黏土,而白色、浅灰色则可作为耐火材料。

1.4.2 结构

肉眼观察泥质岩的结构只能根据断口的粗糙程度加以确定。常见的结构主要是根据含粉砂及砂的情况而划分为三种类型:

(1)泥质结构:用手触摸岩石有滑腻感,用小刀切割的切面光滑,断口呈贝壳状,或平坦状。

(2)含粉砂泥质结构及粉砂泥质结构:断口较粗糙,手触摸微有粗糙感,用放大镜可见粉砂碎屑,小刀切面不光滑。

(3)含砂泥质结构及砂泥质结构:手触摸有明显的粗糙感觉,肉眼见有砂粒,断口粗糙,呈参差状。

1.4.3 构造

泥质岩常见有水平层理、泥裂、雨痕、虫迹、结核等构造;具有沿层理方向易剥裂成页状的页理构造。凡具页理构造的泥质岩称为页岩(见图 3-6),无页理构造的泥质岩则称为泥岩。

图 3-6 页岩风化面(夹山路线)

1.4.4　*矿物成分*

泥质岩的矿物成分,肉眼难以鉴别,只能根据一些物理性质初步确定。例如,高岭石黏土岩,断口贝壳状,润湿后具可塑性,膨胀性不明显;蒙脱石黏土岩吸水膨胀性特强,具有强的黏舌性,放入水中立即散开。尽管黏土矿物难鉴定,但混入物可通过其他方法确定,如加盐酸起泡,说明有碳酸钙混入;岩石致密坚硬,则说明有硅质混入;机械混入物石英、云母等肉眼可以直接观察。

1.4.5　*含生物化石情况*

有或无生物化石,是实体生物化石还是遗迹化石,属种划分和保存状况描述。

1.4.6　*手标本命名*

主要根据肉眼观察结果,依据泥质岩的固结程度、结构、矿物成分、混入物及颜色等进行综合命名,即:颜色+混入物+黏土矿物成分+基本名称。其中,基本名称按有无纹层或页理分为泥岩和页岩两种。黏土矿物成分单一时,直接参加命名;有两种或两种以上黏土矿物,按少前多后的原则进行命名。简单命名和陆源碎屑混入物命名标准如表3-3所示。

表3-3　泥质岩的分类

<table>
<tr><th colspan="2" rowspan="2">固结程度</th><th colspan="3">结构(粉砂含量)</th><th rowspan="2">黏土矿物成分</th><th rowspan="2">混入物成分</th></tr>
<tr><th><5%</th><th>5%~25%</th><th>25%~50%</th></tr>
<tr><td colspan="2">未固结—弱固结</td><td>(黏土)</td><td>含粉砂泥(黏土)</td><td>粉砂质泥(黏土)</td><td>高岭石黏土
蒙脱石黏土
伊利石黏土</td><td>砂和有机质,碳质、铁质、硅质、钙质等化学物质</td></tr>
<tr><td rowspan="2">固结</td><td>无纹层无页理</td><td>泥岩</td><td>含粉砂泥岩</td><td>粉砂质泥岩</td><td rowspan="2">高岭石黏土岩
蒙脱石黏土岩
伊利石黏土岩
高岭石-伊利石黏土岩</td><td>钙质泥岩、铁质泥岩、硅质泥岩</td></tr>
<tr><td>有纹层有页理</td><td>页岩</td><td>含粉砂页岩</td><td>粉砂质页岩</td><td>钙质页岩、碳质页岩、铁质页岩、油页岩</td></tr>
<tr><td colspan="2">强固结</td><td colspan="5">泥板岩</td></tr>
</table>

1.5　碳酸盐岩

主要观察颜色、结核(成分、多少、排列方式)、层理类型、缝合线、生物活动的遗迹及生物化石、风化面的特征(豹皮状、暖气片状、刀砍纹……)。

1.5.1　*颜色*

颜色取决于岩石中有机质的含量,生物碎屑、颗粒的类型和含量,亮晶、泥晶的含量等。一般为浅色,以灰色、灰白色为主,但由于混入物成分及含量不同,则可形成不同的颜色。如深灰色或黑色可能是混入了有机质或黄铁矿。这些物质呈细分散状态存在于岩石中,使岩石颜色加深。又如紫红、褐红等色为混入有含水氧化铁物质所致,很多白云岩呈米黄色或褐色系,是含铁白云石所致。观察和描述要求与碎屑岩相同。

1.5.2　*矿物成分及含量*

按碳酸盐矿物—黏土矿物—碎屑矿物—自生非碳酸盐矿物的排列顺序,依次描述其特征及含量。

碳酸盐岩包括石灰岩(方解石含量>50%)和白云岩(白云石含量>50%)两大类(见图3-7、图3-8),故确定矿物成分意义极大。在标本上主要是根据加稀盐酸(5%)试验确定。

图3-7 燧石条带白云质灰岩(白庙子路线)

图3-8 白云质灰岩(牤牛山)

(1)加稀盐酸立即剧烈起泡并嘶嘶作响,说明岩石主要由方解石组成,应为石灰岩类。

(2)若加稀盐酸不起泡或粉末缓慢起泡,且条痕加镁试剂变蓝说明含镁,岩石主要由白云石组成,应为白云岩类。

(3)若加稀盐酸起泡反应后留下泥质物,则为泥灰岩类。

其他如陆源矿物和自生矿物也应描述并说明其赋存状态。

1.5.3 结构和构造特征

由于碳酸盐岩的结构与岩石的成因有密切的关系,故不同成因的碳酸盐岩就具有不同的结构特征。在标本上观察碳酸盐岩的结构应先用稀盐酸或水打湿后进行,观察其断口以确定岩石的具体结构。

(1)若岩石断口粗糙,并明显看出由颗粒和填隙物两部分组成,则岩石具颗粒(或粒屑)结构,再进一步根据颗粒的特征,确定颗粒的类型。

(2)断口致密,平坦光滑或呈贝壳状,用放大镜可见晶粒,为微晶结构,见不到晶粒为泥晶结构。

(3)由群体生物骨架和其他共生生物组成的岩石,孔洞常发育,并为粒屑沉积物、灰泥或亮晶胶结物充填,为生物骨架结构。

(4)断口呈"砂糖状",晶粒较粗者为晶粒结构,晶粒按其大小可进一步细分为巨晶、粗晶、中晶、细晶、极细(或粉)晶、微晶和泥晶等结构。

(5)碳酸盐岩的构造,除具有与碎屑岩相同的层理、波痕、干裂等原生沉积构造外,还有一些碳酸盐岩所特有的构造,如叠层构造、鸟眼构造、缝合线构造及生物扰动构造等(见图3-9)。

1.5.4 填隙物特征及含量

填隙物包括亮晶胶结物及泥晶(灰泥)基质。亮晶是干净透明的方解石晶体,充填于粒间孔隙之中,对颗粒起胶结作用。泥晶(微晶)基质是与颗粒同时沉积的直径<0.031 mm的碳酸盐微细粒屑,为充填于格架颗粒之间的填隙物,也可起固结作用。泥晶基质在标本中

图3-9 含砾灰岩

呈污浊、浑暗、微晶泥状结构，极易与亮晶胶结物区别。若岩石全由泥晶（微晶）组成，即具泥晶（微晶）结构，则为泥晶（微晶）灰岩。

1.5.5 生物化石或生物碎片

描述化石种类、数量、保存情况。

1.5.6 定名

通常按颜色＋填隙物＋结构＋成分名称进行。其命名顺序为：首先根据矿物成分确定岩石的基本名称，即方解石含量＞50%者为石灰岩，白云石含量＞50%者为白云岩；再根据颗粒进行结构命名，如颗粒含量＞50%者为颗粒灰岩（或颗粒白云岩）类，颗粒含量＜50%者为微晶灰岩（或微晶白云岩）类，具有生物骨架结构者为原地固着生物灰岩类，具有重结晶或交代残余结构者为晶粒灰岩（晶粒白云岩）类或残余结构灰岩（或残余结构白云岩）类；再根据颜色和填隙物类型或特殊的自生矿物等进行综合命名。

对白云岩的分类，还可按白云石化强度及残余结构的保存程度等特征进行进一步的细分和综合命名。

2 沉积岩的综合分析与观察

（1）注意岩石组合关系、旋回变化、特殊结构、构造及接触关系，分析研究沉积相、沉积建造，进行地层划分对比，研究沉积环境与各种沉积矿产及油气生成的关系。

（2）注意对各种构造要素的测量，即产状、斜层理、砾石排列方式的测量。

（3）物源区的判定及搬运条件。

任务2 岩浆岩的观察

任务要求

1. 掌握主要岩浆岩的基本特征。
2. 熟练掌握岩浆岩的鉴定及描述方法。
3. 了解岩浆岩的初步研究方法。

岩浆岩是由岩浆冷凝、结晶所形成的岩石。根据岩石的化学成分、矿物成分、岩石的产状、结构、构造可将岩浆岩按表 3-4 进行基本分类。

表 3-4　岩浆岩类型及其特征

岩类		超基性岩	基性岩	中性岩	酸性岩
SO_2质量分数		<45%	45% ~52%	52% ~65%	>65%
主要矿物		橄榄石 辉石	富钙斜长石 辉石 角闪石	中性斜长石 碱性长石 角闪石 黑云母	石英 钾长石 富钠斜长石 黑云母
色率		>75%	75% ~35%	35% ~20%	<20%
喷出岩	岩流、岩被， 斑状或隐晶质结构， 气孔、杏仁、流纹构造	科马提岩 金伯利岩	玄武岩	安山岩 粗面岩	流纹岩
浅成岩	岩床、岩脉(岩墙)、 岩盘斑状、 细粒或隐晶质结构	苦橄玢岩	辉绿岩	闪长玢岩 正长斑岩	花岗斑岩
深成岩	岩基、岩株;全晶质、 粗粒或似斑状结构	橄榄岩	辉长岩	闪长岩 正长岩	花岗岩

1　岩浆岩手标本描述内容

岩石手标本描述内容包括颜色、结构、构造、矿物组成、矿物特征和含量、岩石中矿物的次生变化、密度、其他物理性质、岩石定名。在文字描述的同时,根据需要可以手绘出手标本的素描图,示意性表示岩石的主要特征。

1.1　颜色

颜色指肉眼观察到的手标本颜色,新鲜岩石的颜色是岩石各组成矿物颜色的综合反映;注意观察岩石新鲜面的颜色与风化面的颜色。在描述岩石的颜色时,必须描述具体的颜色和颜色的深浅,例如暗灰色、浅红色、灰白色等,也可更形象地应用日常生活用语,如砖红色、玫瑰红色、猪肝色等,同时必须区分岩石新鲜面与风化面所呈现的颜色,并进行说明。

1.2　结构

岩浆岩的结构是指岩石的结晶程度、组成岩石的矿物颗粒的大小、矿物的自形程度及矿物颗粒之间的相互关系所呈现的岩石特征。

在手标本上,主要根据岩石的结晶程度、矿物颗粒大小、矿物颗粒形状等进行观察与描述。按照表 3-4 中列出的常见岩浆岩结构类型,根据岩石结晶程度,分为非晶质结构(玻璃质结构)和结晶质结构(包括隐晶质结构、显晶质结构)。

(1)玻璃质结构。标本上的特征是,岩石断面光滑、致密,具贝壳状断口,呈现玻璃或松脂光泽。

(2)隐晶质结构。组成岩石物质极细,肉眼或放大镜下很难分清矿物颗粒及其界线,断面较粗糙，但较平整，呈现瓷状断口，光泽较暗淡。

（3）显晶质结构。岩石全部由矿物晶粒所组成，肉眼可清楚分辨矿物颗粒界线及矿物形态特征。岩石断面粗糙，断口参差不平。

进一步根据矿物颗粒的绝对大小和相对大小进行划分。按矿物绝对大小可分为粗粒结构、中粒结构、细粒结构、微粒结构四类结构。按矿物相对大小可划分为等粒结构、不等粒结构。不等粒结构可进一步分为连续不等粒结构、斑状结构（见图3-10、图3-11）、似斑状结构。

图3-10　斑状结构（斑状黑云二长花岗岩）

图3-11　斑状结构（斑状黑云二长花岗岩）

1.3　构造

构造是指岩石中不同矿物集合体之间或矿物集合体与其他组成部分之间的排列方式及充填方式所表现出来的岩石特征。岩浆岩构造主要与岩石的形成条件有关，所以侵入岩与喷出岩通常具有不同的构造类型（见图3-12～图3-14）。

对于侵入岩来说：

（1）如果岩石中矿物分布均匀，就称为块状构造。

（2）如果明显具有流动特征，称为流动构造。

（3）如果岩石在颜色、矿物成分等方面不均匀，具有分带性，称为条带状构造，呈现斑杂状，就是斑杂状构造。

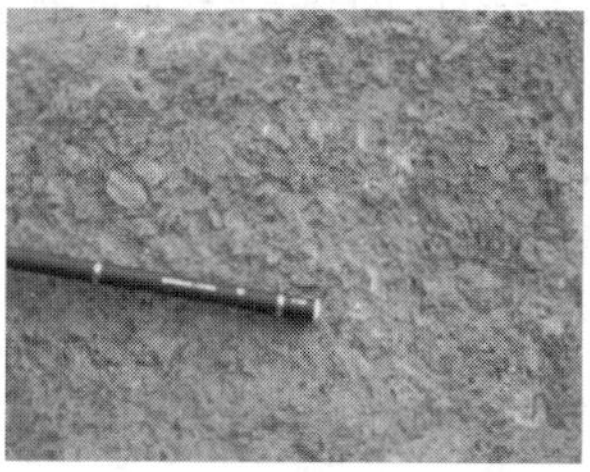

图3-12　斑状花岗岩风化面

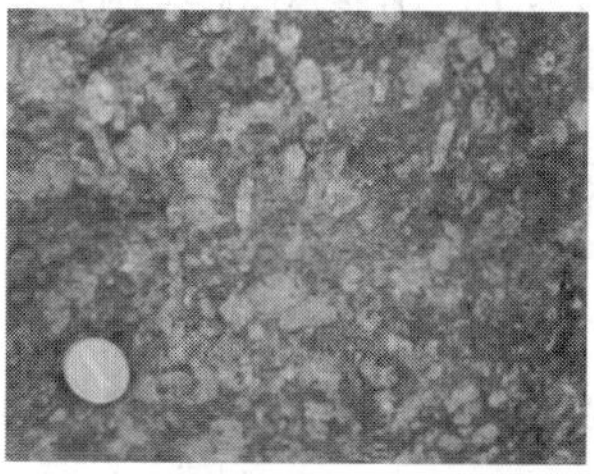

图3-13　斑状花岗岩新鲜面

图3-14　绥中花岗岩

对于喷出岩来说：

（1）具有气孔的，称为气孔构造。

（2）气孔被充填形成杏仁的，称为杏仁构造。

（3）如果岩石全部是黑色、褐色等颜色的玻璃，称为玻璃质构造等。

1.4 矿物组成、特征和含量

岩浆岩石中矿物成分、矿物共生组合特征及各种矿物的含量，是岩浆岩分类定名的主要依据；而有些岩浆岩中矿物颗粒较小，鉴定时还需运用已有的矿物学知识，并参照矿物共生组合特征来确定矿物名称。

观察岩石中各种矿物的特征，首先鉴别出有哪些矿物，再分别估计出各种矿物的含量，然后分别观察每种矿物的详细特征，包括颜色、晶形、解理、硬度、双晶、蚀变特征等；对于侵入岩，因其粒度大，容易识别矿物特征。对于喷出岩，如果岩石全部为玻璃或者隐晶质结构，则无法继续描述矿物特征；如果属于斑状结构，则注意观察其斑晶矿物的特征，同时估计出岩石中斑晶占整个岩石的含量。

1.5 定名

根据观察到的以上几方面的内容，按岩石的颜色、结构、构造、矿物成分（先多后少）、蚀变交代及次生变化等顺序综合整理，最后对岩石手标本进行初步定名。依据上述的各种描述和鉴定，给出该岩石的名称；如果需要，可以选择代表性部分，手绘出岩石手标本的素描图。

2 各类岩浆岩的主要观察内容

2.1 深成岩

2.1.1 岩石的观察

主要观察岩石的颜色、矿物成分及含量、结构、构造、蚀变、矿化、风化产物。

2.1.2 特殊结构、构造的观察

主要观察岩石的原生节理（Q、L、S）、片麻理、深源包体（形态、大小、成分与岩浆岩的关系）、捕虏体（形态、大小、成分、排列方式、分布位置，被岩浆岩改造的程度）。

2.1.3 岩体的观察

主要观察岩体矿物成分、结构、构造的变化；岩相的划分，是否存在附加侵入相、多期侵入；脉岩的发育情况。

2.1.4 与围岩接触关系的观察

这里只介绍侵入接触关系的观察（沉积接触、断层接触见有关部分）。

（1）岩体：①边部变细或有冷却边、出现斑状结构；②边部矿物定向排列－岩浆流动构造；③有岩枝、岩脉插入围岩；④有围岩的捕虏体；⑤受围岩影响边部成分发生变化。

（2）围岩：①出现热接触变质现象；②有交代作用时出现交代矿物或形成硅卡岩。

2.2 脉岩

脉岩是呈岩墙、岩床、岩席产出的浅成侵入体。

（1）脉岩类型的观察：辉绿岩（见图 3-15）、闪长玢岩、花岗斑岩、煌斑岩、石英斑岩、伟晶岩、细晶岩（见图 3-16）、石英脉等。

图3-15 辉绿岩脉(龙回头路线)

图3-16 细晶岩

细晶岩:颜色浅,主要为浅色矿物,缺乏暗色矿物,也有暗色矿物,例如黑云母,或者角闪石和辉石,但含量小于10%。主要呈细粒他形结构,外形呈"砂糖状",称为细晶结构,按照成分划分为花岗细晶岩、正长细晶岩、闪长细晶岩、辉长细晶岩等。

伟晶岩:矿物颗粒大于10 mm,一般为1~2 cm。其他矿物特征没有特殊性,仅仅在于其岩石的结构为伟晶结构。按照岩石成分可进一步划分,例如同花岗岩成分一致的,称为花岗伟晶岩(见图3-17、图3-18)。

图3-17 兴城钓鱼台附近的伟晶岩出露

图3-18 花岗伟晶岩

(2)脉岩方向的观察与统计。脉岩经常沿一定的构造破裂面或岩体中的节理侵入(见图3-19),所以脉岩是区域或局部构造线的反映。

(3)脉岩之间关系的观察。

(4)与围岩之间关系的观察。

(5)产在岩体中的脉岩要注意脉岩矿物成分与岩体矿物成分之间关系的观察。

(6)脉岩相对形成时代的观察。

2.3 火山熔岩与火山碎屑岩

2.3.1 火山熔岩的观察

(1)火山熔岩成分的观察:颜色(是岩石化学成分或矿物成分的综合反映),斑晶成分的观察,注意碎屑物质的混入,有否深源包体。

图 3-19 硅质侵入（夹山路线）

（2）火山熔岩结构的观察：斑状结构、球状结构、玻璃质结构、细晶结构（见图 3-20、图 3-21）。

图 3-20 球状风化粗面岩

图 3-21 粗面岩

（3）火山熔岩的构造观察：气孔与杏仁构造（形态、大小、含量、排列方式、分布部位）、流纹构造、枕状构造、珍珠构造、柱状节理、块状构造。

（4）火山熔岩与上、下岩石接触关系的观察：间断面、烘烤、沉积接触等。

（5）火山熔岩地质产状的观察：岩被、岩丘、火山锥、破火山口、火山颈等。

2.3.2 火山碎屑岩的观察

按碎屑颗粒大小，将火山碎屑岩分为如下 3 种类型：①集块岩。粒径 >64 mm 的岩块经胶结而成，且岩块含量大于 50%。依据全岩成分进一步分为玄武质集块岩、安山质集块岩、流纹质集块岩等。②火山角砾岩。粒径为 2 ~ 64 mm，且角砾含量大于 50%，成分复杂，分选差，棱角明显，同集块岩相似，成分除岩块外，可有晶屑、玻屑。依据角砾成分，划分为玄武质火山角砾岩、安山质火山角砾岩等。③凝灰岩。是火山碎屑岩中分布最广的一种，具典型的凝灰结构。其中火山物质 >90%，碎屑粒径 <2 mm，火山碎屑物为岩屑、晶屑、玻屑，一般玻屑最多。与火山熔岩相似，但仔细观察，凝灰岩中有尖棱角状的晶屑、玻屑或岩屑，而熔岩中则无，见图 3-22、图 3-23。

图3-22 玄武质凝灰岩

图3-23 粗面质集块熔岩

(1)火山角砾岩、集块岩的观察。

碎屑的观察:成分、大小、形态、含量、排列方式、运动中形成的特点。

胶结物的观察:熔岩胶结、凝灰胶结,胶结物的含量、胶结类型。

(2)凝灰岩的观察:晶屑、玻屑、岩屑的含量,晶屑的矿物成分、碎屑的颗粒大小、特殊的结构构造(假流纹构造、火焰构造)、胶结物的成分(熔岩、火山灰……)。

2.3.3 火山岩的综合观察

(1)火山岩的岩石组合。

(2)火山岩喷发旋回的观察。

(3)火山作用方式的观察。

(4)火山岩空间分布规律的观察。

(5)火山岩来源的观察(深源包体)。

2.3.4 手标本上玄武岩和安山岩的鉴别

鉴别玄武岩和安山岩的方法见表3-5,主要从颜色、色率、斑晶和斜长石特征进行区分。

表3-5 玄武岩与安山岩的鉴别

岩石	玄武岩	安山岩
颜色	褐色、黑褐色	较浅,蚀变后呈灰绿色、褐色
色率	>40%	<40%
斑晶	橄榄石和次生的伊丁石	角闪石、斜长石
斜长石	长板状,$A_n > 50$	宽板状,$A_n < 50$

3 常见造岩矿物的肉眼主要鉴定特征

(1)橄榄石:绿色到深绿色,粒状,透明,玻璃光泽。痒纯橄岩中以中粒和粗粒结构为特征,在玄武岩中可呈斑晶出现。

(2)辉石:深绿色—黑色,短柱状,有时可见两组解理,玻璃光泽。

(3)角闪石:长柱状,黑色、绿黑色。横截面为菱形或者六边形,有两组解理。

(4)黑云母、白云母:假六方板状、片状、鳞片状,极完全的解理,呈黑色、褐色或无色。

(5)斜长石:灰白色,厚或宽板状、长条状,可见宽平的解理面和聚片双晶,玻璃光泽,硬度大于小刀的硬度,有时表面具次生变化则光泽暗淡。

(6)钾长石:一般来说,将碱性长石系列(歪长石除外)通称为钾长石。常见的钾长石种属是透长石、正长石和微斜长石,其成分都是 $KAlSi_3O_8$。从肉眼鉴定来看,透长石无色透明,正长石和微斜长石呈肉红色、浅粉色色调。呈板状,具玻璃光泽,有时可见卡式双晶,阶梯状断口。

(7)石英:无色透明,他形粒状,具有显著的油脂光泽,贝壳状断口,总是新鲜的,不易风化。

(8)霞石:新鲜者为灰白色,油脂光泽,不规则粒状,像石英,但有解理,且易于风化为肉红色,有凹坑。

(9)手标本上钾长石与斜长石的识别:

①钾长石:浅肉红色,卡式双晶(在肉眼下对着光观察可见双晶一半闪光,另一半不闪光),阶梯状断口。

②斜长石:灰白色,黄白色,聚片双晶细而密集,自形程度高,多呈板状。

任务 3　变质岩的观察

任务要求

1. 掌握变质岩基本岩石类型特征。
2. 熟练掌握变质岩石鉴定及描述方法。
3. 了解进行变质作用研究的理论与方法。

变质岩是地壳中已形成的岩石受变质变形作用的再改造而形成的岩石。对它的观察既要全面观察变质作用所形成的矿物成分、结构构造、变质变形特征,还要注意观察变余的成分、结构构造,才能全面认识变质岩石,为地质研究提供更多的基础材料。

1　变质岩手标本的观察内容

1.1　颜色

岩石总体颜色包括新鲜色、风化色、浸染色等,岩石命名时,尽量采用新鲜色。

1.2　变质岩的结构

变质岩结构观察的目的在于:根据结构的特征确定岩石的成因类型及其形成特点。这对判明岩石类型(包括变质岩类型及原岩类型),以及变质强度都具有重要的意义。

首先确定主要结构类型,如同时具有几种结构特征,则须表明它们相互之间的关系,并加以综合描述。另外,当岩石具有主要结构和次要结构时,则按主要结构—次要结构的顺序来描述。变质岩结构按成因类型分为变余结构、变晶结构、变形结构和交代结构四类。

1.2.1　变余结构

岩石经变质后,原岩的一部分结构以及矿物成分可能残留下来,构成变余结构。变余结构往往是判断变质岩的原岩成分、生成历史的直接可靠的标志之一。变余结构的命名方法,是在原岩结构的基础上加上"变余"二字,例如:变余斑状结构、变余辉绿结构、变余花岗结构、变余砂状结构、变余泥质结构等。

1.2.2 变晶结构

变质结晶形成的新生矿物和(或)原岩矿物重结晶所形成的晶质结构,它在变质岩中占有重要地位,是最常见的变质结构类型,即大多数变质岩具有这类结构。变晶结构是区分矿物成分相似的岩浆岩(如花岗质的)、沉积岩(如碳酸盐岩类)与变质岩的重要标志之一。

变晶结构与岩浆岩的(全)晶质结构、碳酸盐岩的晶粒结构有如下差异:

(1)一般情况下,变晶结构的岩石由全晶质矿物组成,没有火山玻璃、胶体等非晶质组分(原岩残留的例外)。

(2)一般矿物多以他形为主,排列紧密,或彼此互相镶嵌,甚至互相包裹;同一世代重结晶或变质结晶的矿物没有先后结晶顺序;晶体的自形程度与颗粒大小的差别仅取决于结晶能力。

(3)出现变质结晶的变斑晶(晶粒相对较大、通常为特征变质矿物)时,变斑晶的矿物成分往往就不会出现在变基质中,并且变斑晶内常含大量变基质矿物或原岩成分的包裹体,表明其结晶生长的时间与变基质同时或稍晚,依此可与岩浆岩中的斑晶、斑状结构、似斑状结构相区别。

(4)片状、柱状、纤维状矿物在变质岩中大量出现,一般具有不同程度的定向排列。有时长石、石英及碳酸盐等粒状矿物也有破碎、波状消光、双晶弯曲、位移、拉长或应力生长定向等应力作用所形成的变形现象,与岩浆岩中的流面、流线等流动构造、沉积岩的层面构造有所不同。

变晶结构主要是从矿物的粒度(绝对和相对粒径)、形状(矿物颗粒的结晶习性及其自形程度)、相互之间的关系(镶包裹、交代、分带)等方面进行观察。

1.2.3 变形结构

变形结构表现为岩石和矿物在应力作用下发生的韧性、脆性变形(裂开、破碎)及粒化(应力作用下矿物粒度变小)等现象,可存在"碎斑""碎基"。按照其变形特点分为两类:碎裂结构和糜棱结构(见图3-24、图3-25)。不同变形结构之间可存在过渡现象,这是判断变形特点、应力作用强度及重结晶、变质结晶程度的重要依据。

图3-24 眼球状花岗质结晶糜棱岩(台里路线)

图3-25 糜棱岩(台里路线)

1.2.4 交代结构

交代结构是确定交代作用存在及其类型、确定交代强度的重要标志之一,也是区分变质岩中矿物世代的最重要的依据之一。这类结构在开放体系的交代变质岩、混合岩、高级变质岩中最为发育。交代作用的最大特点是岩石中原矿物的分解消失与新矿物的产生形成是同时进行的，既可置换原有矿物，保持原岩的结构（形成交代假象矿物和交代假象结构），但更多的情况下（特别是在混合岩化过程中），常以交代结晶方式形成新的矿物成分，同时形成一系列具有明显交代特征的、与交代强度相关的新结构，如交代条纹结构、交代残留结构等。

1.3 变质岩的构造

变质岩构造按成因类型分为三类，以变成构造最为常见。首先确定岩石是否具有定向构造，若为定向构造，再进一步根据结晶程度和结晶矿物的颗粒大小、结晶习性等确定属哪一种类型。对变质岩构造的观察，虽然不像对岩浆岩、沉积岩构造的观察一样，可根据构造特征确定岩石的产状，而其主要目的在于根据构造特征确定其成因类型及其形成特点，这是判明变质岩岩石类型及其变质程度，特别是变质过程中应力作用存在及其强度的重要依据之一。

变质岩构造按成因类型分为变余构造、变成构造及混合构造三类。①变余构造：在浅变质岩中残留的原岩构造。变余构造是判别原岩的直接标志之一，具有重要的鉴定与分析意义。②变成构造：板状、千枚状、片状、片麻状、角砾状、肠状。③混合构造：主要见于混合岩中，属特殊的一类变成构造。由浅色的新生长英质脉体与相对暗色的残留基体以不同量比和充填方式构成。

1.4 矿物成分、特征及含量

组成变质岩的许多矿物也常见于岩浆岩和沉积岩中，如石英、长石、云母、角闪石、辉石等，它们可以是原岩矿物、残余矿物，也可以是变质结晶或重结晶形成的；另一部分矿物则是变质岩所特有的，即变质矿物，特别是特征变质矿物，如硬绿泥石、红柱石、蓝晶石、硅线石、堇青石、十字石、刚玉、滑石、石墨等。在观察与描述变质岩时，特别要注意对变质矿物的特征进行鉴定和描述，并加以分析。

描述肉眼下（包括借助放大镜观察）可见到的矿物成分特征及含量。若有变斑晶（或碎斑）时，则先观察与描述变斑晶（或碎斑）的矿物成分、特征及其含量，再描述变基质（或碎基）部分；若无变斑晶或碎斑，则按矿物的百分含量从多到少的顺序加以描述。要特别注意特征变质矿物（通常是变斑晶矿物）形态、分布、含量及其与其他矿物关系的观察和描述，因为它们反映了相应的变质条件。

主要造岩矿物及其含量的观察：石英、斜长石、碱长石、云母、角闪石、辉石、方解石。

特征变质矿物及其含量的观察：石榴石、十字石、红柱石、蓝晶石、硅线石、蓝闪石、绿辉石、紫苏辉石、方柱石、硅灰石、透闪石、金云母等。

1.5 变形特征及变质变形关系

斑晶与片理、片麻理的关系，残斑的形态，强变形域与弱变形域的关系，层理转换、构造置换的特征，定向构造的产状与区域构造的关系；面理、线理的组成矿物、产状的观察与测量。如有细脉穿插、褶曲、裂隙或孔洞、风化或溶蚀、浸染或矿化情况等，应加以描述。对特殊而且有意义、用文字不易说明的现象，应当用相应的图像予以反映。

1.6 定名

岩石初步定名参照一般岩石定名的原则和顺序，即：颜色 + 特殊结构 + 特殊构造 + 特征变质矿物 + 主要矿物 + 基本名称。或按照相应岩类的定名顺序，进行岩石手标本的命名。

需要注意的是,为了避免岩石名称的过于冗繁,在基本名称前参加定名的矿物名称不超过3个。

2 变质岩特征矿物

(1)尖晶石:绿色、蓝色、黑色、褐色,不完全解理。

(2)石榴子石:颜色变化较大,常呈红褐色、玫瑰色、黄绿色及黑色,常呈菱形十二面体、四角三八面体。断口为油脂光泽,无解理,硬度大。

(3)方柱石:无色、灰色,少数呈天蓝色和浅红色,晶体呈柱状。集合体为不规则粒状,中等完全解理。

(4)符山石:黄褐色或淡绿色,而红色或蓝色很少见,柱状、粒状或放射状集合体。

(5)刚玉:黄色、红色、绿色、紫色、蓝色、棕色及黑色。桶状、柱状、锥状。晶面上常见有斜的或横的条纹。

(6)堇青石:无色,大多数为粒状或不规则状,但有时呈自形的短柱状,横断面为六边形。解理不完全,其特征与石英十分相似,但在风化面上由于堇青石容易分解形成绢云母和蛇纹石而形成粒状小凹坑,可作为手标本鉴定堇青石的标志。

(7)蛇纹石:呈各种不同的绿色细小鳞片状、纤维状集合体。解理完全,硬度小。

(8)滑石:白色、淡黄色、浅绿色、粉红色及浅褐色,常呈细小鳞片状,硬度小,有滑腻感。

(9)绿泥石:绿色、暗绿色,片状、鳞片状集合体,平行{001}解理完全,硬度小。

(10)硬绿泥石:呈暗绿色,晶体为板状,几何体呈束状、放射状,断面呈六边形及菱形,平行{001}解理完全,硬度5~6,接近或稍大于小刀的硬度。

(11)黑硬绿泥石:呈暗褐色,片状,集合体呈束状和放射状。

(12)绿帘石:草绿色及暗绿色,沿b轴延长呈柱状,晶面有纵纹,集合体呈放射状及粒状,{001}解理完全,{100}解理次之。

(13)黝帘石:呈浅灰色或灰绿色,其他特征与绿帘石的相近。

(14)硅灰石:灰白色,板柱状,集合体呈纤维状、放射状,{100}解理完全,{001}解理次之。

(15)红柱石:浅红色,风化后呈灰白色或黑灰色,柱状晶体,集合体呈放射状,平行{110}解理完全。

(16)蓝晶石:浅蓝色,风化后呈灰白色,长柱状或长板状,{100}解理完全,{010}解理中等。硬度因方向而异,在解理最发育的{100}面上平行晶体延长方向硬度为4.5(小于小刀的),垂直晶体延长方向则为6(大于小刀的)。上述特征为肉眼鉴别蓝晶石的重要标志。

(17)硅线石:浅黄色,浅褐色,风化面灰白色。个体较大者呈细长柱状、针状,但多为纤维状或毛发状集合体。{010}解理完全,在柱状晶面上可见到纵纹。

(18)阳起石:浅绿色、暗绿色,长柱状、针状,集合体为放射状。

(19)透闪石:白色或浅灰色,晶体呈长柱状、针状,集合体为放射状、纤维状。

(20)蓝闪石:蓝闪石和青铝闪石以其颜色呈暗蓝色与其他角闪石相区别。

(21)绿辉石:绿色、暗绿色,有时呈蓝绿色、浅绿和灰白色,柱状,其他特征同辉石类矿物的特征。

(22)十字石:褐色、短柱状,{010}解理不完全,经常具有正交或斜交双晶。

(23)绿纤石:绿纤石是绿帘石的变种,成分上 Al 显著超过 Mg,Fe^{2+}、Fe^{3+} 趋近于斜黝帘石,含水量高,常沿 b 轴延长呈纤维状、针状、放射状集合体。

(24)红帘石:红褐色、红黑色、黑色,含 MnO_2 达 15%,晶形与绿帘石相似,柱状或粒状,{001}解理完全,{100}解理不完全。

(25)天蓝石:蓝色、靛蓝色,尖锥状、粒状及不规则状,{110}及{101}解理中等。

3 变质岩石的综合观察与初步研究

(1)变质岩原岩的恢复。

(2)变质作用强度的划分及变质岩形成深度的推断。

(3)变质表壳岩、变形-变质深成岩、糜棱岩的初步确认。

项目4　构造识别

任务1　地质体间重要接触关系识别

1　平行不整合接触关系的野外识别

平行不整合面看上去只是一个非常普通的与上、下层几乎完全平行的面状构造。但是，它是地质发展历史的重要标志面。它标志着一个漫长地质历史时期的沉积间断和生物化石的不连续。有时它还可能形成重要的沉积矿产，在地质各种图件上是重要的地质界线。在兴城地区有两个重要的平行不整合接触：一个是寒武系与下伏青白口系井儿峪组之间的平行不整合，另一个是石炭系中统本溪组与下奥陶统上部马家沟组的平行不整合。

1.1　目的要求

(1)掌握平行不整合的鉴别标志和观测方法。

(2)了解平行不整合面的形成时代、上下套地层等时空含义。

(3)掌握与平行不整合有关的矿产类型及成因。

(4)了解平行不整合反映的地壳运动方式。

1.2　观察内容

(1)平行不整合接触关系的基本特征。

(2)绘制与平行不整合接触关系有关的素描图。

1.3　平行不整合接触关系野外观察要点

(1)测量上覆、下伏岩层和平行不整合面的产状，以确定不整合面上、下地层产状的一致性。要多测量一些产状，以便统计上的一致性。另外，也可通过在一段距离内的追索，确定上、下层是互相平行的。上、下层之间的平行关系，也可以通过读图来证实。

(2)平行不整合面的观察。

①平行不整合面形态观察：主要观察凹凸不平和冲刷的特点。

②观察是否有底砾岩，底砾岩的分布特点和岩性特点以及砾石成分特点。

③观察是否有向下部层位贯入的脉体。

④是否有古风化壳、古土壤及残积型矿产。

(3)平行不整合面上、下的岩性观察，注意岩性、岩相的不连续及突变。

(4)不整合面上、下两套地层中古生物化石的观察，由指导教师讲解生物进化的特点及缺失的生物化石。

(5)上覆地层底部砾岩的观察与描述。主要观察砾石成分、大小、磨圆度、分选性、胶结物成分及胶结方式等。

1.4 讨论与思考

(1)寒武系与青白口系之间的平行不整合面代表多长时间的沉积间断？石炭系与下奥陶统之间的平行不整合代表的时间跨度是多少？

(2)平行不整合的构造意义是什么？

(3)平行不整合有哪些研究意义？

2 角度不整合接触关系的野外识别

角度不整合反映一次造山运动。不整合面上、下地层间的角度接触代表着两者之间在沉积作用、岩浆活动、交质作用、成矿作用和构造变形等方面的巨大差异。

在兴城地区重要的角度不整合发生在侏罗系各组地层(义县组、土城子组、兰旗组)与下伏地层之间。另外,长城系常州沟组与下伏的正(负)变质岩之间也为角度不整合接触关系。在龙回头海滨海房沟组复成分砾岩与大红峪组石英砂岩巨砾岩呈角度不整合接触,见图 4-1。

图 4-1 回头海滨海房沟组复成分砾岩与大红峪组石英砂岩巨砾岩呈角度不整合接触

2.1 目的要求

(1)通过野外地质工作使学生掌握角度不整合接触关系的鉴定标志及观察研究方法。

(2)建立构造运动的时空概念,构造运动作用的方式、方向及演化特征。

(3)掌握角度不整合反映地壳运动的方式。

2.2 观察内容

(1)角度不整合接触关系的野外观察。

①角度不整合面的特征。

②角度不整合面的上覆、下伏岩层的观察测量。

(2)绘制角度不整合接触关系剖面素描图或平面素描图。

2.3 角度不整合的野外观察要点

角度不整合是地壳运动的产物,要注意从角度不整合接触界面的特征和上、下地层的时代,岩性特征反映的岩相特征、成因环境,在生物演化过程中的连续与突变差异,产状变化及构造交形的差别等方面进行观察研究。

(1)角度不整合界面一般是经过长时期风化剥蚀作用呈凸凹不平或较平整的沉积间断

面。因此,在不整合面上可能保存有古风化壳、古土壤及残积型矿产。

(2)不整合面上、下两套地层在岩性和岩相上差别很大,其间缺失部分地层，时代相差甚远,反映在生物演化过程中存在不连续现象,即化石(群)种属突变,在变质作用及变质程度方面有明显差异。

(3)不整合界面上、上两套地层产状不一致,呈角度相交,上覆地层的底面盖在下伏不同时代的老地层之上。上覆地层的层面与不整合界面基本平行。而不整合界面上、下两套地层中的构造变形强弱程度及变形样式不同,构造线的方向也不尽相同。一般下伏地层的构造变形强烈而复杂,而上覆地层中的构造变形则相对弱而简单。

(4)不整合界面上覆地层的底部层常有下伏老地层的岩石碎块、砾石组成的底砾岩。如在夹山西常州沟组砂岩与太古宙斑状花岗岩(绥中花岗岩)沉积接触关系,在常州沟组砂岩底部就有紫红色绥中花岗岩的岩石碎屑,含量大约为30%,使常州沟组底部砂岩为浅紫红色,主要是继承了下伏绥中花岗岩的岩石碎屑的颜色,见图4-2。

图4-2　夹山西常州沟组砂岩与太古宙斑状花岗岩沉积接触关系

(5)绘制角度不整合接触关系剖面图和平面素描图。

在详细观察与测量后,要求对重要地质现象做平面或剖面素描图及文字说明,野外素描图要求规范,图名、比例尺、图例、方位等要准确合理。

2.4　讨论与思考

(1)角度不整合接触关系反映的地壳运动特征如何?

(2)如何确定角度不整合接触关系的形成时期?

(3)角度不整合接触关系有什么研究意义?

任务2　露头尺度构造现象识别

褶皱、断裂是广泛存在的构造现象,无论是沉积岩地区,还是岩浆岩或变质岩地区,对这些构造现象进行观察、测量并进行正确合理解释,是野外地质工作的重要组成部分。其目的是查明构造的几何形态、空间分布、时间演化规律,以便用于指导生产实践,解决有关矿产的分布及成因问题,水文地质、工程地质及地震地质等方面的问题。

1 目的要求

(1)观察描述褶皱构造和断裂构造。

(2)测量褶皱和断裂构造要素。

(3)用平面图、剖面图和立体图表示褶皱构造几何特征。

(4)利用收集的资料分析小型构造与区域构造关系。

(5)掌握重结晶糜棱岩的基本特证。

(6)了解构造置换过程。

2 内容

2.1 褶皱构造的观测、分析

(1)根据岩层的弯曲形态确定褶皱构造类型。

(2)测量褶皱面、轴面和枢纽产状,观测褶皱剖面、纵剖面和三维空间的形态特征,对褶皱进行几何分类和位态分类。

(3)观察、测量褶皱内部有关要素量值的变化。

①测量同一褶皱、同一岩层厚度变化,区分顶厚褶皱和平行褶皱。

②测量、观察同一褶皱不同层及同一层在不同褶皱中的曲率中心和曲率半径的变化情况,区分平行褶皱和相似褶皱。

③观测不同岩性层褶皱变形中的行为差异,认识弯滑作用与弯流作用形成褶皱区别。

(4)褶皱内部构造观测。

①层间小褶皱观测。

- 测量层间小褶皱枢纽产状,比较小褶皱枢纽产状与主褶皱枢纽产状的关系。
- 测量层间小褶皱轴面产状,观察主褶皱不同部位小褶皱轴面产状的变化情况。
- 观察层间小褶皱在主褶皱两翼与核部的形态差异。
- 观察形成层间小褶皱岩层的岩性与相邻层岩性的差异。

②褶皱面上擦痕和阶步观测。

- 测量擦痕在褶皱面上的侧伏产状。
- 测量和观察擦痕与褶皱枢纽的方位关系。
- 结合阶步特征分析背斜和向斜构造中相邻岩层滑动方向的不同。

③层间破裂的观测。

- 观测褶皱转折端纵张裂隙的产状及产状变化。
- 测量褶皱两翼岩层中破劈理产次及破劈理与层面的夹角,观察褶皱不同部位破劈理发育程度及与层面夹角的变化,注意劈理折射现象。
- 褶皱转折端的虚脱现象。

2.2 断层观测

(1)确定断层两盘岩层的时代、岩性、产状及产状变化。

(2)测量断层面的产状。

(3)观察断层面上镜面、擦痕和阶步的分布情况,并利用其判断断层两盘的相对运动方向。

(4)观测断层带的规模及变化情况。

(5)观察构造岩的特征,确定构造岩类型,注意不同类型构造岩在断裂带中的分布。

(6)观察两盘岩层的牵引现象,确定两盘相对运动方向。

2.3 糜棱岩的观察

在海滨乡台里东海滨路线出露太古宇构造片麻岩,它是一种经过静态重结晶的糜棱岩。对于这套糜棱岩主要观察如下内容:

(1)岩石的矿物组成。

(2)组构特点,特别注意 S-C 组构。

(3)残斑或重结晶斑晶的类型、大小、形态特点及含量。

(4)剪切运动指向(根据 S-C 组构和斑晶的旋转等给以确定)。

2.4 构造置换过程的观察

构造置换是在递进变形过程中一组页理取代另一组页理的过程,它主要有三个发展阶段:

(1)早期阶段。形成不对称褶皱,短翼变薄,产生轴面页理。

(2)中期阶段。短翼拉断,形成石香肠或页内勾状褶皱,新生页理取得主导地位。

(3)晚期阶段。早期页理完全破坏,沟状褶皱消失,新生页理完全置换层理。

3 讨论与思考

(1)如何确定断层和褶皱的形成时期?

(2)糜棱岩的成因是什么?

(3)如何评价构造置换的意义?

4 兴城地区褶皱构造描述

兴城地区褶皱主要形成于印支期。现把有代表性的褶皱介绍描述如下。

4.1 瓦房子—梅勒营子褶皱束

瓦房子—梅勒营子褶皱束位于锦西幅西北部瓦房子—梅勒营子一带,由 5 条轴向北东的褶皱组成,长 40 km,宽 20 km。包括瓦房子—花坤头营子背斜、瓦房子向斜等。

4.2 药王庙—白马石褶皱束

药王庙—白马石褶皱束出现在锦西幅中西部,长约 40 km,宽约 10 km,由 7 个褶皱组成,主要有大古道子背斜、药王庙—大古道子向斜、杨树湾子—康家沟向斜等。

4.3 歪桃山背斜

歪桃山背斜展布在歪桃山一带。轴向东西,东端转向北东东至北东。轴长约 9 km。背斜核部由蓟县系雾迷山组组成。北翼依次由青白口系景儿峪组、古生界寒武系—中生界三叠系组成,岩层倾向北,倾角 20°~40°。其上被下侏罗统羊草沟组和兴隆沟组角度不整合覆盖。南翼由景儿峪组及下寒武统组成,偶见中寒武统。岩层倾向南,倾角 70°~80°。其上被下白垩统义县组角度不整合覆盖,而使南翼地层出露不完整。背斜受断裂及岩体破坏较严重,沿背斜核部有早白垩世花岗岩体侵入。北翼有呈东西走向的中酸性岩脉侵入。背斜西端被北北东向断裂切断,南翼被两条东西走向的压扭性断层切割。东段被北西走向的扭性断层错开,水平错距约 2 km。

4.4 南票单斜

南票单斜南起暖池塘—黄土坎子一线，呈北东向延伸，长近 40 km，宽约 10 km。在二佛庙子南—斑吉塔一带，被义县组覆盖。其南西端与歪桃山背斜相接。单斜构造由长城系大红峪组、高于庄组，蓟县系杨庄组、雾迷山组，青白口系景儿峪组以及古生界和三叠系构成，底部有太古宙片麻状花岗岩出露。单斜岩层倾向北西，倾角 17° ~ 82°不等，西侧被下侏罗统羊草沟组和兴隆沟组角度不整合覆盖。由于女儿河断裂的切割，使单斜被错开，水平错距 10 km 以上。

4.5 大背岭背斜

大背岭背斜南起新台门东，向北东方向经中兰家沟、上兰家沟延伸至钢屯。轴向北东，轴长约 17 km，轴线作略向南东凸出的弧形。由蓟县系雾迷山组、青白口系景儿峪组、古生界及中生界三叠系组成。核部被中、晚侏罗世花岗岩体占据，倾伏端有三叠纪—早侏罗世闪长岩株侵入。南东翼为蓟县系雾迷山组、青白口系景儿峪组及古生界，倾向南东，倾角 35° ~75°。北西翼地层由于女儿河断裂的切割及岩体的侵入而缺失。东北端被中、晚侏罗世岩体侵入，仅在钢屯一带偶见有雾迷山组、景儿峪组及古生界残存。西南倾伏端保存完好。

大背岭背斜是区内最重要的控矿构造。地质构造条件良好，又有两期岩体侵入，在岩体与围岩的接触带附近及岩体内部，特别是在背斜倾伏端晚侏罗世花岗岩岩枝伸入处，有大型内生金属矿床（杨家杖子钼矿）产出。在残存的东北端中、晚侏罗世岩体与雾迷山组、景儿峪组及古生界接触带附近，发育大型兰家沟钼矿。

4.6 喜鹊沟向斜

喜鹊沟向斜位于裴家屯与新台门东北，轴线做北北东方向伸展，略向南东凸出，轴长约 12 km。核部由三叠系组成，南东翼依次由二叠系、石炭系、奥陶系、寒武系构成，岩层倾向北西，倾角 20° ~80°。北西翼由二叠系、石炭系、奥陶系组成，岩层倾向南东，倾角 40° ~78°，为一线形紧闭褶皱。该向斜遭受了后期断裂和岩体的破坏，北西翼被女儿河断裂切割，西南端被东西走向的兴隆沟—锦西断裂切割而缺失，北东仰起端被北东向压扭性断裂切割。向斜内见有花岗斑岩和花岗岩脉侵入。

该向斜是区内较重要的控矿构造之一，在东部和南部有具工业价值的钼、铅、锌等矿床分布，在北东仰起端被北东向压扭性断裂（松树卯断裂）切割处发育大型松树卯钼矿。

4.7 杨家杖子向斜

杨家杖子向斜是区内规模最大的褶被构造，整体形态呈近东西向展布的横长方形（见图 4-3）。杨家杖子向斜又可识别出两个次级向斜构造。

（1）笔架山—下黑鱼沟向斜。笔架山向斜西起笔架山，向东延伸至杨郊乡下黑鱼沟，轴向东西，轴长 9 km；核部由三叠纪地层组成。北翼实际上可以看作大背岭背斜的南翼，由古生界、青白口系景儿峪组及蓟县系雾迷山组组成，北翼倾向南，倾角 24° ~26°；南翼倾向北，倾角 10° ~25°。西端由三叠纪—早侏罗世松树卯闪长岩侵入，中部和东部均被北东向断裂切割，使向斜残破不全，其残余的北翼可以一直向北延伸至石灰窑子—白庙子一带。

（2）笔架山—下长茂向斜。南起下长茂以西，向北西延至笔架山以南，轴向北西，轴长约 7 km；核部由三叠系组成，两翼为古生界、青白口系景儿峪组及蓟县系雾迷山组；南东端仰起，仰起端倾向北西，倾角 28° ~ 40°；北西端及北东翼均被断层切割。在向斜的仰起端及西南翼有中生代花岗岩侵入。岩体和地层的接触带上有金属矿产赋存。

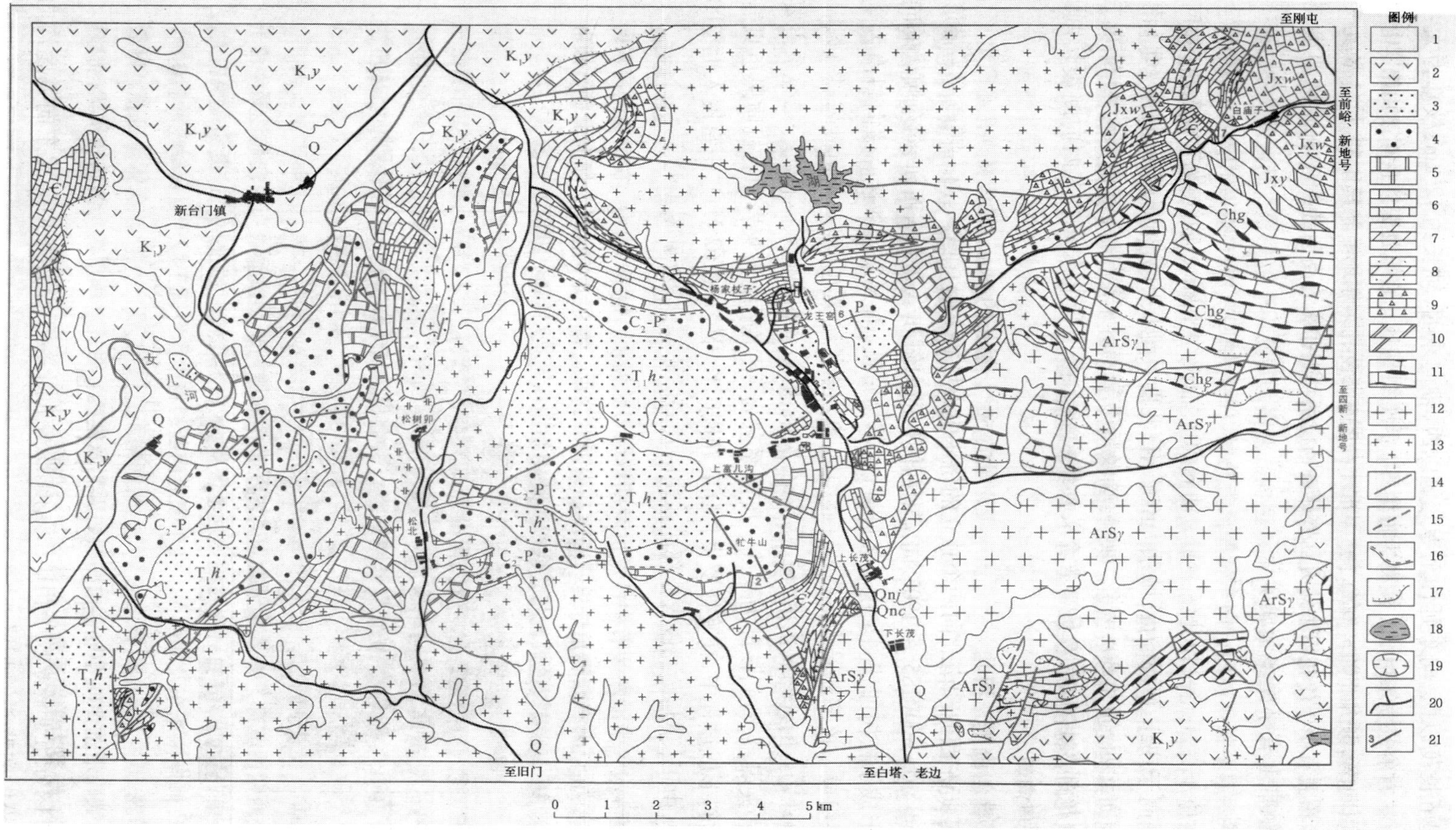

1—第四系(Q);2—白垩系义县组(K_1y);3—三叠系红砬组(T_1h);4—上石炭统二叠系(C_2-P);5—奥陶系(O);6—寒武系(∊);7 一景儿峪组(Qnj);8—长龙山组(Qnc);9—雾迷山组(Jxw);10—杨庄组(Jxy);11—高于庄组(Chg);12—绥中花岗岩(ArSγ);13—中生代侵入岩;14—断裂;15—推测断裂;16—平行不整合;17—角度不整合;18—湖泊及水库;19—露天矿坑;20—道路;21—剖面位置及编号

图 4-3 杨家杖子向斜及周边地质简图

4.8　下长茂—寺儿堡背斜

该背斜西起下长茂以西，向东延伸至寺儿堡以西，轴向东西，轴长约 12 km；核部为太古宙片麻状花岗岩。背斜两翼由长城系大红峪组、高于庄组构成，北翼地层倾向北，倾角 20°~60°。南翼地层倾向南，倾角 30°~ 65°，高于庄组岩层受断层影响倒转。其上被下白垩统义县组角度不整合覆盖。该背斜被断裂切割残破不全。背斜南翼的高于庄组中有晚侏罗世花岗岩株侵入，接触带上有小型多金属矿床。

4.9　寺儿堡向斜

寺儿堡向斜位于三河北—寺儿堡一带，轴向 50°，轴长约 9 km。轴线微向南东凸出；向斜核部为长城系高于庄组，两翼为长城系大红峪组；北西翼地层产状倾向南东，倾角 65°；南东翼地层产状倾向北西，倾角 30°~ 42°；西南端及南东翼有中侏罗世花岗闪长岩和石英二长岩侵入。向斜核部及北东端被下白垩统义县组覆盖。由于受北东向及东西向断裂切割，向斜构造已残破不全。

4.10　松树卯背斜

燕山期，由于近东西向和南北向两个独立的挤压应力场的作用，在笔架山—鸭鹿沟一带形成了走向为 NE5°~10°—SW185°~ 190°、向南南西倾伏的向斜和走向为东西向、向东倾伏的向斜，两向斜之间形成了松树卯背斜。由于经过剥蚀，不易辨认，前人未加叙述。该向斜由古生代—中生代地层组成。核部地层为三叠系红砬组(T_1h)，岩性为紫色、浅灰紫色砂岩、粉砂岩、长石石英砂岩和砾岩。向外两翼依次为二叠系、石炭系、奥陶系和寒武系。石炭—二叠系主要为细砂岩、粉砂岩夹煤系；背斜核部为寒武—奥陶系灰岩，下寒武统为灰岩和有机质黑色页岩互层。松树卯背斜形成过程中，在晚侏罗世伴随有花岗闪长岩侵入(162 Ma)，一直侵入上覆的长石石英砂岩中，由于长期剥蚀，侵入核部的花岗闪长岩已出露地表(见图 4-4)。

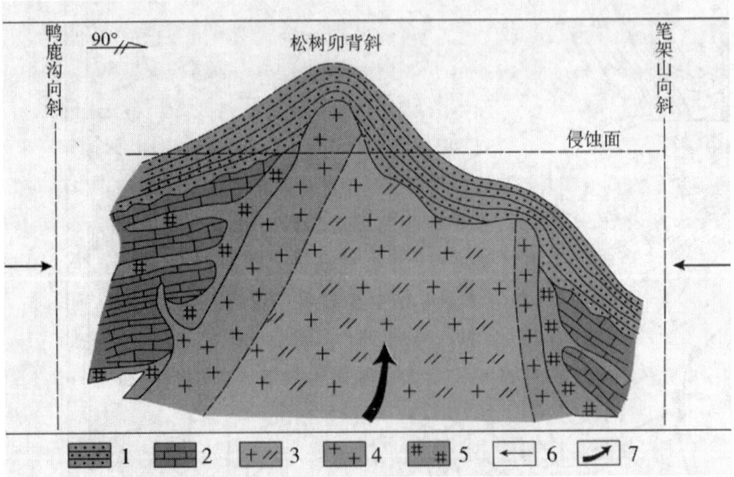

1—长石石英砂岩；2—石灰岩；3—花岗闪长岩；4—花岗斑岩；
5—硅卡岩；6—东西向挤压力方向；7—花岗闪长岩侵入方向

图 4-4　松树卯背斜示意图

松树卯钼矿区分布于杨家杖子钼矿田西南部，空间上位于总体轴向北北东向鸭鹿沟向斜构造的东翼、松树卯背斜的西翼。

任务3 断层构造的识别

兴城地区断裂构造比较发育,因此专门加以叙述。

1 概述

断层是地壳内部的岩层或岩体在应力作用下产生的面状破坏或面状流变带,其两侧的岩块发生明显位移的构造。岩块之间的相对运动方向平行于断层面。许多相互平行或多条断层分割的条带状岩块区,称为断层带。断层广泛发育在不同的构造环境中,是地壳中最重要的构造之一。其规模可大可小,大者具有全球规模,小者可见于手标本上。断层切割地壳的深度也有很大不同,小规模断层仅切穿地壳浅层,而一些深大断层可以延伸到下地壳乃至上地幔。断层与褶皱是密切伴生的地质构造,一些具有区域性规模的断层不仅控制着区域地质构造的发生和发展,而且常常控制和影响着区域成矿作用,并以其为背景形成区域成矿带。一些中、小尺度断层直接决定了某些矿体的形态和产状,对石油、天然气、地下水等矿藏的分布、储聚和运移具有重要影响,尤其是现代活动断层直接影响工程建筑和地震活动,所以,断层的研究无论在理论上还是实践上均具有十分重要的意义。虽然断层的形成机制各异,研究内容的深度和手段有别,每位同学所学专业也各不相同,但如何在野外观测断层都是断层构造研究的基础,对断层的识别和研究方法基本一致。

2 目的要求

(1)了解断层的基本特征。

(2)掌握断层构造的野外识别和观测方法。

(3)学会断层运动方向的研究方法及野外判别标志。

(4)掌握断层性质的野外鉴定方法及识别标志。

(5)断层形成时期的分析和确定方法。

3 观察内容

(1)断层面的特征,测量断层面的产状。

(2)断层构造岩。

(3)断层两盘地质体的突然不连续断开。

(4)断层两盘的派生次级构造特征。

(5)断层的地形地貌特征。

4 断层的野外观察研究方法

4.1 断层的识别与确定

4.1.1 断层面

断层面是岩层或岩体被断开后发生错动位移的平面,是断层形成的直接标志。它是面状构造的一种,可以用走向、倾向和倾角表示其产状。断层面往往不是一个产状稳定的平面,顺走向和倾向都会发生变化而形成曲面,这时出露线是曲线。

断层两盘相互错动发生位移时，便会产生摩擦，断层面因此被磨得平滑并形成磨光的镜面，同时伴有擦痕和阶步。可根据擦痕和阶步判断出两盘相对位移方向。擦痕是断层的一个极为重要的标志，是确定断层相对运动和确定断距不可缺少的线状要素。断层擦痕的产状一般用擦痕的倾伏（在竖直面内量度）或侧伏（在擦痕面上量度其与断层走向所夹锐角）来表示。

4.1.2 断层构造岩

断层带内岩石以脆性变形为主，其显著特点是无定向或具弱定向，岩石中裂隙发育，岩石被裂隙切割成大小不一的碎块。构造岩成分为断层附近的岩石，基本无磨圆，分选较差，砾径差异极大。随着应变的加大，碎块间位移加大，粒度变细，碎块间的基质增多，碎块逐渐被碎粒和碎粉所包围，呈残留碎块状，以至最后岩石可全部变为碎粒或碎粉。碎裂岩系列的构造岩主要有断层角砾岩、初碎裂岩、碎裂岩、超碎裂岩、假玄武玻璃和断层泥等。

4.1.3 构造不连续

岩层、矿层、岩脉、侵入体及其围岩的接触面、页理、变质岩相带、不整合面、褶皱的枢纽等地质体在平面上和剖面上突然被错断，说明可能有断层存在，也可根据标志层等作为断层位移的指示标志。

4.1.4 地层的重复和缺失

如果地层层序正常，并且是连续的，当有走向正（或逆）断层存在时，常造成两盘地层的重复或缺失现象，据此可以判定断层的存在，也可根据地层产状与断层产状的关系，鉴别断层两盘相对运动方向，确定断层的性质。

4.1.5 断层的派生构造

由于断层作用，在断层两盘附近产生局部应力场，导致形成局部依附于断层的旁侧构造，称为派生构造。不同力学性质的派生构造无论在断层的剖面或平面上均与主断层斜交，它们发育于断层的一侧或两侧，远离主断层便逐渐消失。常见的派生构造主要包括拖曳构造和牵引褶皱、羽状张破裂、羽状剪切破裂等。

4.1.6 地貌特征及其他标志

断层的存在在地貌上往往具有明显的特征，由于断层两盘的错动，在断层的上升盘常形成断层崖和断层三角面，造成断层通过处呈线状延伸的地形陡变带。带状分布的泉水、洼地和湖泊，串珠状、带状分布的岩体、矿化带、地震震中也常是断层存在的标志。

4.2 断层性质的确定

断层性质是指断层形成时应力的作用方式，可分为挤压断层、拉伸（张性）断层和走滑（平移）断层。

4.2.1 挤压断层的主要特点

断层面在走向和倾向均呈舒缓波状，断层带内充填有挤压角砾岩、构造透镜体，在断层面两盘常发育派生构造。

4.2.2 张性断层的主要特点

断层面不平直，呈“之”字形延伸，发育张性角砾岩，断层面上擦痕不发育、断层面两盘派生构造不发育。

4.2.3 走滑断层的主要特点

断层面平直，产状稳定。断层面上常发育大面积镜面和近水平擦痕。断层两盘常发育派生构造，派生构造面与主断层面的交线近直立。

4.3 断层两盘相对运动方式的确定

断层两盘的运动是个空间概念，正、逆断层是断层两盘以垂直的相对运动为主，平移断层是断层面两盘以水平运动为主。而多数断层两盘的相对运动方式表现为既有水平分量，又有垂直分量的正、逆和平移的综合性质。确定断层两盘的运动方向，野外常根据以下几方面进行判断：

(1)断层两盘地质体错开的位置。

(2)断层两盘地层的新老关系。

一般情况，对于走向断层，老地层出露盘常为上升盘。

(3)断层面上的擦痕和阶步。

擦痕是断层两盘相互错动而留在断层面上的痕迹，常表现为平行而细密的线状。丁字形擦痕常为一端粗而深、另一端细而浅，由粗而深向细而浅的方向指示断层面对盘和滑动方向。

阶步是在断层面上与擦痕方向正交的微细陡坎。它是顺擦痕方向局部阻力的差异或因断层间歇运动的顿挫形成的，包括正阶步和反阶步，一般我们见到的阶步为正阶步，反阶步只有阶步形成的初期才有，后期往往被正阶步替代。正阶步的陡坎一般面向对盘的运动方向。

(4)根据断层两盘的派生构造。

由于主断层的相对错动，在断层的一盘或两盘产生羽状剪切破裂。剪切破裂有时一组发育，有时两组呈共轭形式产出。其中一组剪切破裂与主断层夹角小于45°，大约在15°，其破裂运动方向与主断层运动方向相同，它们与主断层所夹锐角指示剪切破裂所在盘运动方向；另一组剪切破裂与主断层夹角大于45°，其所夹锐角仍然指示所在盘的运动方向。

4.4 断层产状的测定

在野外观测和研究断层时，应尽可能地测量断层面的产状。在测量断层面产状时，要充分考虑断层面特征及沿走向、倾向的变化，如断层面不平整或呈舒缓波状，要测量准确的产状并不简单，这需要选好测量的位置与测量技术，如在舒缓波状断层面的波峰或波谷的连线上测走向，或用比较平整的图夹铺在不平整的断面上测量，或在连续的断层面上测若干产状取其平均值等。

走向线：倾斜面与水平面的交线(WE)。

走向：走向线所指的地理方位，即 OE 的地理方位或 OW 的地理方位。

倾斜线：在断层面上引出垂直走向线的直线 OA。

倾向：倾斜线向下一端在水平面的投影 OA' 的方位。

倾角：岩层面的倾斜线与其在水平面上投影与倾向线之间的夹角 $\angle AOA'(\alpha)$。

擦痕 L

擦痕的倾伏：

倾伏向：擦痕在水平面上的投影线向下倾伏一端的方位 OL'。

倾伏角：擦痕与其在水平面上的投影线之间的夹角 $\angle LOL'$。

擦痕的侧伏：

侧伏向：擦痕与所在断层面走向线所夹锐角一端的方位 OE。

侧伏角：擦痕和所在构造面走向所夹的锐角∠LOE。

断层面与擦痕的产状见图 4-5。

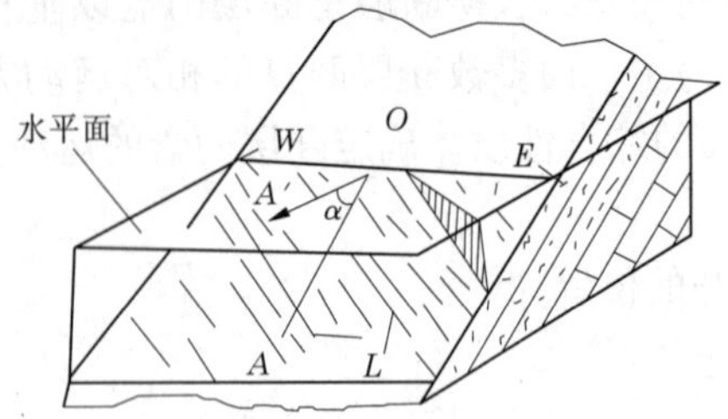

图 4-5　断层面与擦痕的产状

4.5　断层的形成时期

断层的形成时期主要依据断层与地层之间的切割关系来判定。断层一般形成于被切割的地层之后、覆盖于其上的地层之前。可以从以下几方面予以分析：

(1)查明断层与地层之间的切割或覆盖关系。

(2)注意新老断层之间的切割关系。

(3)断层与岩体、矿化之间是切割还是侵入的关系。

(4)断层两侧沉积地层的厚度变化。

5　讨论与思考

(1)野外如何识别断层的存在？

(2)怎样确定断层的运动方向？

(3)如何判断断层的性质和形成时代？

(4)如何识别多期活动断层？

(5)脆性断层中发育的构造岩有何特征？与其他岩石的区别是什么？

6　兴城地区断裂描述

6.1　梅勒营子断裂

梅勒营子断裂北东起赵苏沟，向南西延伸，经梅勒营子东南延出本区进入凌源幅；区内长 20 km。南湾子—赵苏沟一带沿断裂有中侏罗世晚期辉绿岩脉侵入，脉长 14 km。在王良沟南东见破碎带宽约 15 m，内有断层角砾岩，断层面呈波状弯曲，断层走向 40°，倾向北西，倾角 60°。南东盘洪水庄组灰色页岩与北西盘雾迷山组白云岩均沿倾向中断。

6.2　三家子—包杖子断裂

展布在三家子—包杖子一带，呈北东向延伸，区内长约 27 km；断裂北东端在三家子北东 3 km 处被北北东向单家店—八家子断裂截断，南西方向经包杖子延至区外。断裂切割了中侏罗统髫髻山组及土城子组，并将北东走向的粗安玢岩脉切断，压扭性特征显著。

6.3　单家店—八家子断裂

单家店—八家子断裂位于锦西幅西北部，在六家子南及八家子北沿六股河、小凌河展布，向北经黑牛营子至单家店一带，呈北北东向延伸，两端均延至区外，区内出露长度超过 80 km。断裂规模较大，走向北北东，倾向南东东及北西西。在单家店南断裂将中侏罗统土城子组灰绿色砂岩切断，断裂破碎带宽 10～20 m，断裂走向 20°，倾向南东，倾角 70°～80°。在张家屯东，断裂走向 20°，破碎带宽 50～70 m，由断层角砾岩及糜棱岩组成。断层角砾岩为次棱角状，胶结物为糜棱岩。断裂力学性质为压扭性。

6.4 乱柴沟断裂

乱柴沟断裂西南起乌金塘水库，向北东方向延至偏脸子西北。切割了长城系高于庄组、蓟县系杨庄组及雾迷山组，并切割了北东走向的闪长岩脉，西南端被下白垩统义县组覆盖，长约 5 km。在王西沟西北 1 km 处，见一断裂，其走向 40°，倾向南东，倾角 75°。断层北西盘岩层产状紊乱，形成数个小型紧闭褶曲，向西 30 m 才恢复正常。沿断裂走向追索见岩石破碎，发育挤压扁豆体，斜冲擦痕(在大扁豆体表面上)。北西盘雾迷山组及南东盘杨庄组均沿倾向突然中断，且在同一高度上相接触。

6.5 木匠沟—下浑九沟断裂带

木匠沟—下浑九沟断裂带发育在区内东北部黄土坎子一带，总体走向北东，倾向北西，延伸近 20 km，主体以压扭性逆断层为主，自西向东由 5 条断裂组成。

6.6 黄土坎子—田家屯断裂

黄土坎子—田家屯断裂分布在黄土坎子—田家屯一带，呈近东西向延伸，长约 15 km；西端在黄土坎子一带被女儿河断裂切断，向东在田九沟以东出现两个分支。北部分支呈波状弯曲经田家屯延至区外，切割蓟县系雾迷山组、青白口系景儿峪组及下白垩统义县组。在伞金沟东至田家屯一带，断裂切割了下白垩统义县组、青白口系景儿峪组。上述岩层呈巨大扁豆状地块夹于断裂之间；南部分支向东经常岭沟，呈舒缓波状延伸至华子山以东。断裂切割了蓟县系雾迷山组、三叠系及下白垩统义县组。断面倾向沿走向常发生变化，倾向北或南。断裂形成于印支期，燕山期活动更为强烈。

6.7 女儿河断裂

女儿河断裂北东端延至区外，向西南经黄土坎子沿女儿河河谷展布，延至六股河止。断裂规模宏伟，贯穿区内中部，长达 90 km。

在黄土坎子—上板石沟一带，断裂将西盘太古宙片麻状花岗岩，长城系大红峪组、高于庄组、蓟县系杨庄组、雾迷山组逆时针错开达 10 km 以上。断裂两侧的地层及早于该断裂的北东向断层均因受强烈拖曳而成弯曲状。据两盘地层错动及拖曳褶曲轴与女儿河主干断裂所夹锐角判断，北西盘相对南东盘向南西方向扭动，并使片麻状花岗岩斜冲于中元古界之上。

在暖池塘南，见断裂带宽约 40 m，走向 25°，倾向北西，倾角 70°，糜棱岩化带宽达 15 m，石灰岩挤压扁豆体长 10 m、宽 2 m，北西盘石炭—二叠系页岩强烈揉皱，雾迷山组灰岩以高角度逆冲于石炭—二叠系页岩之上。

在大背岭背斜之倾伏端及喜鹊沟向斜西北翼，发育由数条较小断层组成的断裂带，寒武系、中奥陶统及石炭—二叠系星扁豆状岩块夹于断裂带内，使喜鹊沟向斜北西翼及尾及大背岭背斜倾伏端遭到破坏。

在陶家屯西，断裂带宽约 20 m，断裂南东盘为中侏罗世花岗岩，北西盘为高于庄组，在断裂破碎带靠近北西盘一侧，有一条带状展布的断层泥带。走向 10°。该地段断裂走向转变为 10°～15°，断裂面近直立。在三道沟北，被北北东向断裂错开。在裴家屯西南，将东西向断裂逆时针错开达 1 km。

该断裂力学性质为压扭性，主要活动时期为燕山运动第二幕。但断裂东北端曾切割了下白垩统义县组，因此它在燕山运动第三幕时仍有继承性活动。

6.8　松树卯断裂

松树卯断裂是北东向区域性女儿河大断裂的南侧分支断裂，呈北北东—近南北向展布。断裂南起化梅山南，经喜鹊沟向斜南东翼及大背岭背斜西南倾伏端延伸至砖瓦房。断裂北东端被女儿河断裂切割。松树卯断裂走向北北东，倾向北西西，倾角 40°~80°，局部断面直立，断裂长达 10~12 km，断层面呈舒缓波状。在松树卯东北约 1.5 km 至河西西南，寒武—三叠系被断裂切割成似扁豆状的岩块。在松树卯露天矿采坑，形成松树卯控矿断裂带，其走向北北东 25°，倾向北西西 295°，倾角 70°，断裂东盘三叠系与断裂西盘寒武—奥陶系呈断层接触，沿断裂带普遍发育硅卡岩型蚀变和矿化现象。松树卯钼矿床赋存于三叠系红砬组（T_1h）砂岩和奥陶系马家沟组灰岩（O_2m）的断层接触带附近，表明松树卯断裂带为主要控矿构造，是区内内生热液型矿化的导矿构造和容矿构造，见图 4-6。

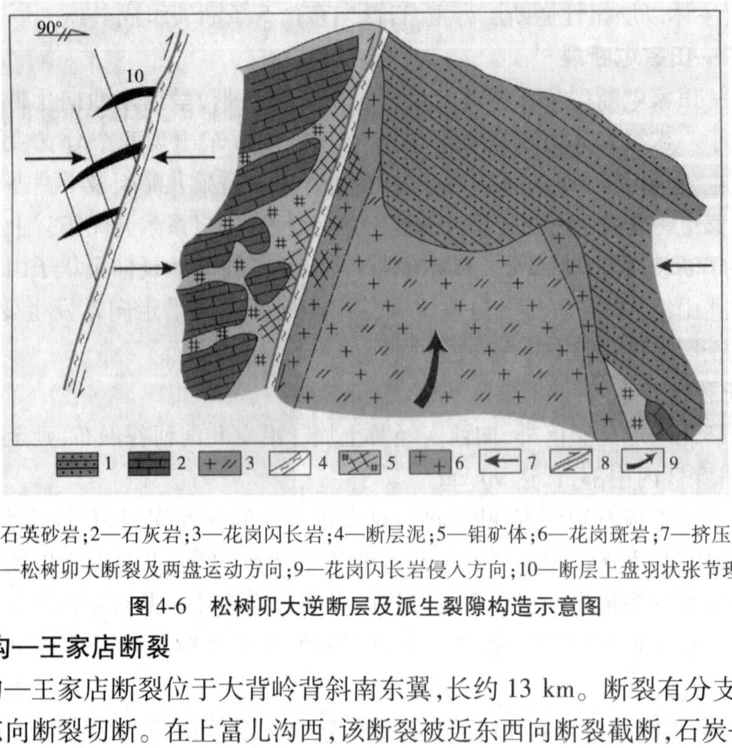

1—长石石英砂岩；2—石灰岩；3—花岗闪长岩；4—断层泥；5—钼矿体；6—花岗斑岩；7—挤压力方向；8—松树卯大断裂及两盘运动方向；9—花岗闪长岩侵入方向；10—断层上盘羽状张节理

图 4-6　松树卯大逆断层及派生裂隙构造示意图

6.9　上富儿沟—王家店断裂

上富儿沟—王家店断裂位于大背岭背斜南东翼，长约 13 km。断裂有分支复合现象，北东端被北北东向断裂切断。在上富儿沟西，该断裂被近东西向断裂截断，石炭—二叠系呈扁豆状块体夹于断裂带中。在上富儿沟一带，断裂走向 45°~70°，倾向南东，倾角 40°~50°，断裂两侧地层产状紊乱，褶曲强烈。在毛祁屯—王家店东，断裂带由几条断裂组成了一个断裂束，长 9 km，寒武系及下、中奥陶统呈扁豆状岩块夹于其中，断裂走向 45°，断面近直立。破碎带宽达 20 m 左右，断层泥和构造角砾岩发育。破碎带两侧岩层直立，且北西盘页岩强烈挤压揉皱。在白庙子一带，断裂北西盘寒武系发育小型牵引褶曲构造。白庙子上富儿沟—王家店断裂地貌上表现为沟谷，见图 4-7。

6.10　齐家沟—上喂牛场断裂

齐家沟—上喂牛场断裂西南起自齐家沟，向北东方向经石灰窑子延至上喂牛场以西，长 13 km，总体走向北东，切割了太古宙片麻状花岗岩及长城系大红峪组、高于庄组，蓟县系杨

图4-7 白庙子上富儿沟—王家店断裂地貌上表现为沟谷

庄组,青白口系景儿峪组,寒武系及下奥陶统。在石灰窑子南—下喂牛场一带,被北西向断层切割成数段。石灰窑子东南,破碎带走向20°~30°,宽约50 m,破碎带内挤压破碎明显,并伴有一些小断面。在宋家沟南,破碎带宽约10 m,带内岩石破碎,并有断层角砾岩。高于庄组褐灰色薄层细粒粉砂岩呈扁豆状块体夹在断裂带内,断层走向为20°,倾向北西,倾角38°。

6.11 大地藏寺一龙泉寺断裂

大地藏寺 龙泉寺断裂西南起邢屯以南,向北东经大地藏寺延至龙泉寺东北。北东端及南西端分别被北北东向及北西向断裂截断,断裂长17 km。断裂切割太古宙片麻状花岗岩及中元古代地层,水平断距5.5 km。在龙泉寺南断裂压性形迹明显,高于庄组呈扁豆状岩块被断裂及花岗斑岩脉包围,并被中侏罗世花岗岩枝截断。在盘道沟一带,破碎带宽40余米,北西盘深灰色中厚层含锰白云质灰岩被压碎成断层角砾岩或出现片理化,宽度约10 m。南东盘为宽达30余米的压碎片麻状花岗岩,并有绿泥石化现象。靠近断裂中心部位为片麻状花岗岩质糜棱岩,具强烈片理化,片理与断层走向一致。断裂走向50°,倾向北西,倾角45°。

6.12 沈家屯—万家屯断裂

沈家屯—万家屯断裂西南起羊草甸子,经沈家屯呈北东向延伸至万家屯被下白垩统义县组覆盖。断裂切割了中元古代地层及三叠纪—侏罗世闪长岩。断裂呈舒缓波状延伸,走向10°~60°,倾向北西,倾角40°~45°。断裂破碎带内岩石破碎,断面上有大量擦痕,并有宽4 m的花岗斑岩脉充填。

6.13 老官堡断裂

西南起达子门,经老官堡向北东延伸至东青堡南,并延伸至区外,区内长20 km。断裂切割太古宙片麻状花岗岩及中元古代地层,南西端有闪长玢岩侵入。断裂走向55°,倾向北西,倾角55°~ 75°。在邬家屯一带,见断裂面呈舒缓波状,走向55°,倾向北西,倾角75°。北西盘片麻状花岗岩斜冲于南东盘高于庄组厚层泥晶粉屑灰质白云岩之上。破碎带宽100余米,边部为压碎片麻状花岗岩,中心岩石破碎强烈,形成碎裂岩、挤压扁豆体及断层泥。扁豆体斜列式排列,断面上见斜冲擦痕,断裂性质为压扭性。

6.14 上马道—赵家沟断裂

上马道—赵家沟断裂西南起上马道南,向北东延伸至赵家沟,长17 km。走向50°~65°,倾向北西,倾角50°~ 60°。南西端有闪长玢岩脉侵入,断裂切割了太古宙片麻状花岗岩及长城系大红峪组、高于庄组，蓟县系杨庄组、雾迷山组，青白口系景儿峪组。破碎带内有断层泥，断面上见擦痕。断层附近岩层中偶见小揉皱。

6.15 樊屯—高桥断裂

樊屯—高桥断裂西起樊屯北，西端被北北东向断裂截断，经三合水库至高桥止。断裂走向从西向东、由东西向逐渐变为北东东向以至北东向，呈向南东凸出的弧形，长约 40 km。在塔沟北切割了早白垩世花岗岩，断裂破碎带宽约 50 m，两侧岩石破碎，形成碎裂岩、破碎带内有断层泥、挤压片理及圆化的构造角砾岩，挤压扁豆体，并有几条平行断裂走向宽约 10 m 的闪长岩脉侵入，该段断裂走向 85°，断面近直立。在三合水库西，在部分露头上岩石挤压破碎，挤压透镜体发育。沿断裂有宽约 80 m 的闪长岩脉侵入，闪长岩脉也被挤压破碎，并形成挤压扁豆体。尚见煌斑岩脉沿断裂侵入，脉宽约 5 m，平行断裂方向分布。

在东官沟东北 1 km 处，破碎带宽约 60 m，走向 70°，倾向北西，倾角 70°，破碎带内有片麻状花岗岩质碎裂岩及挤压扁豆体，其长轴方向和断裂方向一致，并有粗面斑岩脉和细粒闪长岩脉侵入。断裂切割了长城系常州沟组、大红峪组、高于庄组，蓟县系杨庄组、雾迷山组，青白口系景儿峪组，下白垩统义县组及海西期、中侏罗世及早白垩世花岗闪长岩、石英二长闪长岩、花岗岩等。断裂力学性质为压扭性。

6.16 寺儿堡断裂

寺儿堡断裂西起上老爷庙，向东经寺儿堡，在东官沟被北东向断裂切断，长 18 km。断裂切割了太古宙片麻状花岗岩、长城系大红峪组和海西期花岗闪长岩体。在宋家屯南及老官堡西，亦被北东向断裂切断，沿断裂有花岗斑岩侵入。断裂中部被下白垩统义县组覆盖。在王家屯西南 1 km 处，断裂破碎带宽 0.5 m，具断层角砾岩，断层面清楚可见。

6.17 下长茂—寺儿堡断裂

下长茂—寺儿堡断裂西起下长茂，向东延至寺儿堡西，在蜂蜜沟南被北东向断裂切断，全长 10 km 以上。断裂走向近东西，倾向南，倾角 75°，切割了太古宙片麻状花岗岩、长城系高于庄组、蓟县系杨庄组及雾迷山组。断裂东端切割了下白垩统义县组，并使其发生较小位移。在西羊草西，见破碎带宽约 20 m，中间有灰褐色闪长岩脉充填。闪长岩边部有片理化现象，且平行脉岩走向，片麻状花岗岩近岩脉处呈碎裂状，局部为糜棱岩或糜棱岩化片麻状花岗岩，并发育有长石化、高岭土化、绿泥石化。在片麻状花岗岩中有垂直擦痕。断裂面呈舒缓波状。该断裂主要生成于印支期，燕山运动第三幕仍有继承性活动。

6.18 齐屯—山嵗子断裂

齐屯—山嵗子断裂北起齐屯，向南西延至山嵗子，长约 25 km。断裂切割了太古宙片麻状花岗岩，长城系常州沟组、大红峪组，中侏罗统海房沟组及下白垩统义县组。在腾家岭一带见上盘为太古宙片麻状花岗岩，其中有伟晶岩脉侵入，下盘为灰白色压碎石英砂岩，断裂带宽 3~5 m，其中有断层泥、挤压扁豆体、糜棱岩，沿断裂有斜长斑岩侵入。南东盘页岩中有牵引褶曲，断层走向 75°，倾向北西，倾角 75°。断裂力学性质为压性。

6.19 东八里堡断裂

东八里堡断裂是齐屯—山嵗子断裂南侧的分支断裂。延伸长度为 4.5 km。走向 45°，倾向北西，倾角 65°。断裂切割了太古宙片麻状花岗岩、长城系大红峪组，西南端被下白垩统义县组覆盖。

断裂两盘岩层为断层接触，断裂带内岩层褶曲，并有断层泥。

6.20 首山断裂

1∶20 万兴城幅地质图标绘的首山断裂在首山西侧向北东延伸，长度 7 km，走向 65°，倾向北西，倾角 45°。断裂切割了太古宙片麻状花岗岩、长城系常州沟组、串岭沟组、大红峪组。断裂带挤压片理发育。向北至东窑为东窑断裂，长度 4 km，走向北东，切割了长城系常州沟组、串岭沟组、大红峪组和下白垩统义县组。破碎带宽约 1 m，由两个破裂面组成，有断层泥，地貌上为北东向沟谷。

6.21 马杖房断裂

马杖房断裂位于马杖房一带，呈北东向延伸，两端均延入海中，长 6 km。发育于长城系大红峪组中。在南荒地南东 1 km 处，破碎带宽 30～40 m，断裂走向 40°，断面倾向北西，断裂破碎带内见有灰黄及灰白色断层泥。在马杖房一带沿断裂带有闪长岩脉侵入，脉宽 15～20 m，岩脉两侧页岩强烈揉皱。

6.22 望海寺断裂

望海寺断裂北东起大兴沟，经望海寺西，向南西方向入海，长近 4 km。断裂切割了太古宙片麻状花岗岩和长城系常州沟组、串岭沟组及大红峪组。在望海寺北，破碎带宽约 30 m，走向 45°，断裂破碎带中构造角砾岩发育，断面上有擦痕，断裂北侧砂岩近直立，且破劈理较发育。

6.23 秦家屯断裂

由秦家屯延伸至龙回头海滨，长度约 2.5 km 断裂走向北东东，倾向北西，产状为 327°∠58°。断裂切割了太古宙片麻状花岗岩、长城系常州沟组、大红峪组及中侏罗统海房沟组。在龙回头海滨，断裂造成大红峪组石英砂岩质巨砾岩仰冲于中保罗统海房沟组复成分砾岩之上。断裂带内可见砂岩质角砾岩及断层泥，见图 4-8。

图 4-8 龙回头海滨大红峪组石英砂岩质巨砾岩与海房沟组复成分砾岩断层接触

6.24 上沟断裂

断裂由上沟向南东延伸，长度大于 5 km。断裂走向 330°。切割了太古宙片麻状花岗岩和长城系大红峪组，在铁马山西南造成了地层重复出现。

6.25 台山断裂

在龙王嘴子西沟台山西南侧呈北西向展布，长度大于 5 km，断裂走向 330°，倾向北东，倾角 40°～50°。断裂切割了太古宙片麻状花岗岩和长城系大红峪组，在台山西南造成了地层重复出现。

任务 4 区域地质构造识别

1 吕梁期古老隆起和裂陷槽相间的构造格局

华北地台基底形成于距今 18 亿年左右的吕梁运动时期,兴城地区形成了呈东西向展布的巨大隆起和坳陷,南部为山海关隆起,北部为燕山裂陷槽盆地,兴城地区恰好处于燕山裂陷槽的东部边缘(见图 4-9)。

2 印支期—燕山期褶皱和断裂

中、新元古代,早古生代,晚古生代至早三叠世,华北地台发育三套稳定盖层沉积,地壳活动处于相对稳定时期,以整体升降运动为主。早三叠世末至晚三叠世,由于华北板块与南部扬子板块、北部古亚洲洋中小板块群拼贴造成的印支运动强烈影响,燕山地区广泛发育近东西向的褶皱和断裂构造;侏罗纪、白垩纪更为强烈的燕山运动则逐渐叠加了北东向和北北东向褶皱和断裂构造。

3 中生代(燕山期)上叠火山—沉积盆地

中生代中、晚期,包括华北地台东部的中国东部进入环太平洋构造域发展阶段。侏罗纪、白垩纪形成以金岭寺—羊山盆地、阜新—义县盆地为代表的众多中小型火山—沉积盆地,特别是早白垩世地层中富含举世闻名的热河生物群化石宝库。因此,辽西—冀北地区成为我国乃至东北亚地区侏罗—白垩系地层划分、对比的经典地区。

3.1 侏罗纪旋回盆地

3.1.1 金岭寺—羊山盆地(南部)

金岭寺—羊山盆地总体走向北东,开始形成于三叠纪末期,盆地主体发育早、中侏罗世沉积—火山建造,共有次级褶皱构造 8 个,多数呈褶皱束集中于单家店、根德营子、娘庙一带,其上被下白垩统义县组覆盖。

金岭寺—羊山向斜盆地斜贯锦西幅西北部。在区内沿娘娘庙南、黑牛营子、羊山西、单家店一线延伸,两端皆延至区外,区内出露长度80 km以上,宽10~20 km不等。轴线大致呈40°方向延伸,中部微向南东凸出而略呈弧形。向斜盆地的核部由中侏罗统土城子组三段凝灰质长石岩屑砂岩组成。向斜北西翼由中侏罗统土城子组及髫髻山组构成,倾向南东,此翼的南西段倾角陡达 29°~85°,而北东段较缓为 12°~60°。在娘娘庙—北四家子一带,靠近北四家子—谷杖子断裂一线,髫髻山组、土城子组受断裂影响普遍发生倒转。向斜南东翼产状较缓,由中侏罗统土城子组、髫髻山组构成,倾向北西,倾角 5°~42°。向斜被下白垩统义县组角度不整合覆盖。总体看,该向斜盆地北西翼陡而狭窄,南东翼缓而宽。

3.1.2 龙回头盆地

龙回头盆地分布在兴城东北龙回头海滨。盆地充填中侏罗统海房沟组山麓—河流相粗碎屑沉积物,为一小型山缘盆地。海房沟组角度不整合覆盖在太古宙花岗岩和中元古界长城系大红峪组之上。海房沟组复成分砾岩夹砂岩岩层总体倾向北东东,倾角 35°~50°。在四道沟剖面上,可见海房沟组被秦家屯断裂所切断并与大红峪谷组呈断层接触。

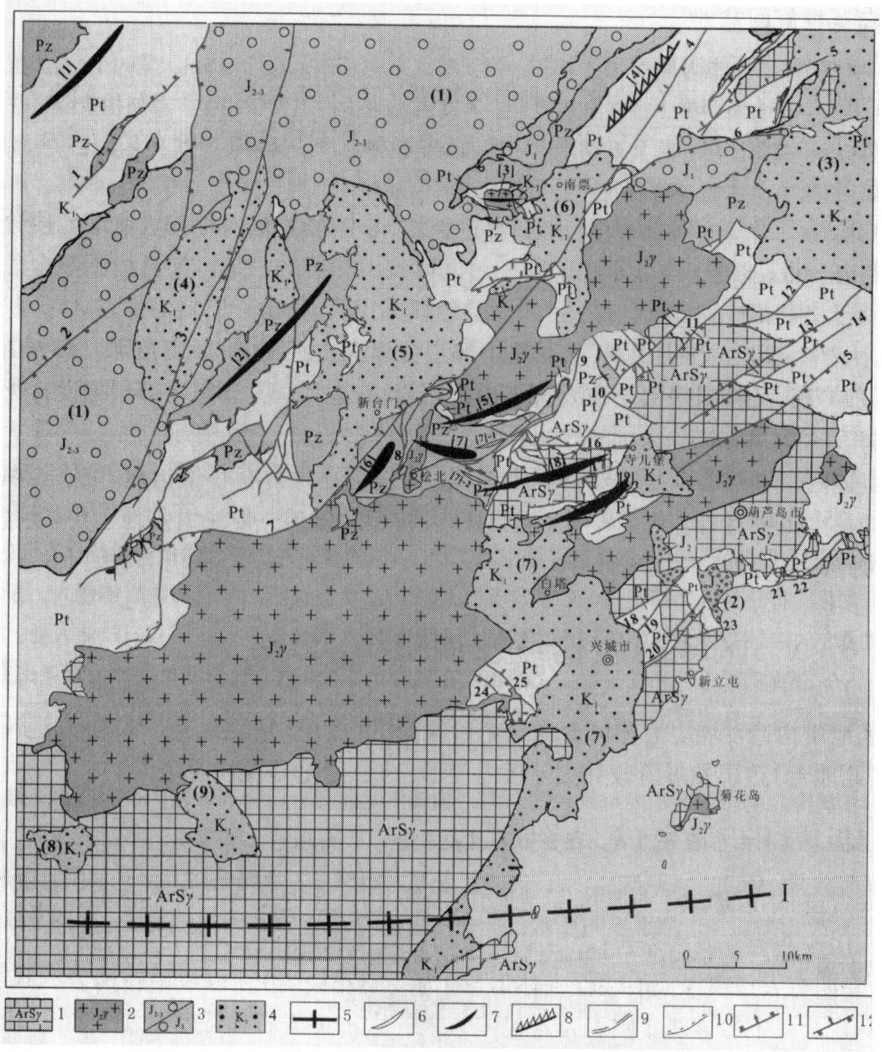

图 4-9 兴城—葫芦岛地区构造纲要

1—绥中花岗岩;2—中侏罗世花岗岩;3—侏罗纪旋回盆地;4—早白垩世旋回盆地;5—古隆起;6—向斜;7—背斜;8—单斜;9—平行不整合; 10—角度不整合;11—正断层;12—逆断层

古隆起:Ⅰ—山海关古隆起

褶皱:[1]瓦房子—梅勒营子褶皱束;[2]药王庙—白马石褶皱束;[3]歪桃山背斜;[4]南票单斜;[5]大背岭背斜;[6]喜鹊沟向斜;[7]杨家杖子向斜;[7]-1—笔架山—下黑鱼沟向斜;[7]-2—笔架山—下长茂向斜;[8]下长茂—寺儿堡背斜;[9]寺儿堡向斜

断裂: 1—梅勒营子断裂;2—三家子—包杖子断裂;;3—单家店—八家子断裂;4—乱柴沟断裂; 5—木匠沟—下浑九沟断裂带; 6—黄土坎子—田家屯断裂;7—女儿河断裂;8—松树卯断裂;9—上富儿沟—王家店断裂;10—齐家沟—喂牛场断裂;11—大地藏寺—龙泉寺断裂; 12—沈家屯—万家屯断裂;13—老官堡断裂;14—上马道—赵家沟断裂;15—樊屯—高桥断裂;16—寺儿堡断裂;17—下长茂—寺儿堡断裂;18—齐屯—山崴子断裂;19—东八里堡断裂;20—首山断裂;21—马杖房断裂;22—望海寺断裂;23—秦家屯断裂;24—上沟断裂;25—台山断裂

中生代上叠盆地:(1)金岭寺羊山盆地(南部) ; (2)龙回头盆地; (3)阜新—义县盆地(最南端) ; (4)小德营子盆地; (5)新台门盆地;(6)暖池塘盆地; (7)寺尔堡—羊安—老滩盆地; (8)五花顶盆地;(9)牛彦章—大路沟盆地

3.2 早白垩世旋回盆地

3.2.1 阜新—义县盆地(最南端)

该盆地呈北北东向展布,主要充填下白垩统义县组、九佛觉组、沙海组和阜新组,除九佛堂组外,其余三个组均命名于该盆地内。盆地南端延至葫芦岛北进入实习区内。

3.2.2 寺尔堡—羊安—老滩盆地

该盆地位于实习区核心区内的早白垩世盆地,总体呈北东向延伸。盆地北段分布在寺尔堡至老边一带;盆地中段分布在羊安—七里坡尖山—老滩一带。义县组不整合覆盖在太古宙花岗岩及中、新元古代地层之上 。义县组以火山岩、火山碎屑岩为主,总体产状向东倾斜,倾角在 10°~20°。在尖山西,义县组下部层位以火山沉积岩、火山角砾岩—火山集块岩为主;在东岭东,义县组中部层位发育火山沉积岩;在老滩, 义县组上部层位发育火山熔岩(粗面岩)及火山角砾岩—火山集块岩。

除上述两个早白垩世盆地外,实习区中部、西南部还发育有小型盆地,主体充填有义县组火山岩及火山碎屑岩。例如,小德营子盆地、新台门盆地、暖池塘盆地、五花顶盆地、牛彦章—大路沟盆地等。

任务 5 区域地质构造发展史

本区地质构造发展史大体可分为三个阶段:华北板块(华北地台)基底形成阶段、华北板块(华北地台)盖层发展阶段和大陆板内变形(地台活化)阶段(见表 4-1)。

1 华北板块(华北地台)基底形成阶段

在太古宙,本区形成了早期大陆型地壳,以海相中基性火山岩和碎屑岩沉积为主,经区域变质作用改造为变质表壳岩;之后 TTG 系列岩浆侵入并在较深地壳层次发生中深区域变质作用;晚期有大规模深成酸性侵入体形成(为绥中花岗岩)。以绥中花岗岩、TTG 系列花岗质片麻岩及其中的早期变质表壳岩包体为主的太古宙岩石构成华北地台(板块)刚性基底主体部分。

古元古代时期,区内处于隆升剥蚀,形成山海关古隆起。古元古代末(18.5 亿年)发生吕梁运动,形成统一的华北板块(地台)区,同时伴有深成岩浆侵入及深成变质变形作用,表现为黑石岗岩体的侵入以及构造片麻理的形成。

2 华北板块(华北地台)盖层发展阶段

中元古代至三叠纪,本区进入地台盖层沉积阶段,形成三套沉积盖层。

第一套为中、新元古代陆内裂陷槽沉积盖层。中元古代长城纪早期本区沉积了常州沟—串岭沟期的陆地边缘相沉积物。常州沟期海侵加大,串岭沟期海水广布,为闭塞海湾—潟湖环境。团山子期发育砂质碳酸盐岩沉积。团山子期末发生了全区性海退,本区普遍露出水面,经受风化剥蚀。大红峪期本区发生了大规模海侵,沉降范围扩大,形成了大红峪期大面积超覆。大红峪组底部不整合界面代表的兴城运动发生在长城纪内,是一次造陆运动,广泛影响燕山裂陷槽东部边缘地区。高于庄期海侵进一步扩大,广泛发育内源碳酸盐沉积。高于庄期末期受到滦县抬升运动影响,沉积间断并遭受剥蚀。蓟县纪杨庄期重新海侵形成

表 4-1 兴城地区区域地质演化史简表

地质年代				地层接触关系	构造运动	构造层	区域构造发展阶段	
显生宙	新生代	第四纪		Q	印支运动	现代沉积物	中、新生代板内变形（地台活化）阶段	
		新近纪						
		古近纪						
	中生代	白垩纪	晚白垩世					
			早白垩世	K_1		火山一断陷盆地构造层		
		侏罗纪		J_{1-2}				
		三叠纪		T		第三套地台盖层构造层	地台沉积盖层发展阶段	华北近海平原发展阶段
	晚古生代	二叠纪		P				
		石炭纪	晚石炭世	C_2				
			早石炭世					隆升剥蚀
		泥盆纪						
	早古生代	志留纪						
		奥陶纪	晚奥陶世					
			中奥陶世	O_2		第二套地台盖层构造层		华北陆表海发展阶段
			早奥陶世	O_1				
		寒武纪	晚寒武世	$\in_3$				
			中寒武世	$\in_2$				
			早寒武世	$\in_1$				
元古宙	新元古代	震旦纪						隆升剥蚀
		南华纪						
		青白口纪		井儿峪组Q*nj*	蓟县运动	第一套地台盖层构造层		燕山裂陷槽发展阶段
				长龙山组Q*nc*				
				下马岭组Q*nx*	芹峪运动			
	中元古代	蓟县纪		铁岭组J*xt*				
				洪水庄组J*xh*				
				雾迷山组J*xw*				
				杨庄组J*xy*	滦县运动			
		长城纪		高于庄组Ch*g*				
				大红峪组Ch*d*	兴城运动			
				团山子组Ch*t*				
				串岭沟组Ch*ch*				
				常州沟组Ch*c*	吕梁运动			
	古元古代					地台基底构造层	华北板块（地台基底）形成阶段	
太古宙				Ar Sγ				

了一套地台-沿岸滩相沉积物。雾迷山期海侵扩大到高峰，接受内源碳酸盐沉积物。雾迷山末期，燕山裂陷槽东部边缘隆起，经受风化剥蚀，代表芹峪运动的影响。直到新元古代青白口纪长龙山期本区开始沉降，以滨海相沉积为主，景儿峪期发育碳酸盐沉积。景儿峪末期，蓟县运动使全区上升，结束了元古宙陆内裂陷槽沉积史。

第二套沉积盖层为下古生界，为典型的稳定浅海碳酸盐岩建造。早寒武世本区再度沉降海侵，至中寒武世早期形成内源碎屑岩夹泥岩建造。本区处于干旱、炎热的气候条件，海水蒸发量大，含盐度高，处于氧化环境，为闭塞-半闭塞海湾环境。中、晚寒武世海侵扩大，以内源碳酸盐沉积为主，气候温暖，为半闭塞开阔地台相沉积。早、中奥陶世本区处于广泛的海侵期，以内源碳酸盐沉积建造为主，为潮间带-潮下带地台相沉积。中奥陶世末期受加里东运动的影响，本区露出水面，遭受风化剥蚀。

第三套沉积盖层为上古生界上石炭统、二叠系和下三叠统，由晚石炭世海、陆交互相沉积到早二叠世的近海平原沼泽相含煤沉积，再到中、晚二叠世和早三叠世的干旱炎热气候下的大陆河流-荒漠相沉积。

3 大陆板内变形(地台活化)阶段

中生代晚三叠世开始,稳定的地台发生了强烈的构造运动,使本区发生了大规模的褶皱、断裂和岩浆活动,板内变形,地台活化。

中生代三叠纪末期的印支运动,形成了本区绝大多数的褶皱构造及少量断裂构造,总体区域构造线以近东西向为主。燕山期本区发生了更强烈的构造运动,区域构造方向明显发生了改变,形成了大规模的北东向断裂构造,以及所伴随的大规模岩浆活动(如虹螺岩体)。早、中侏罗世以山间碎屑沉积盆地为主,伴有中基性火山喷发。早白垩世本区形成了一套火山-火山碎屑岩建造,为大陆裂谷盆地沉积。

新生代以来,随着渤海湾大陆裂谷盆地的不断下降,燕山山地抬升,海陆差异性升降运动是这一时期的主要运动形式。全区处于剥蚀状态,无沉积形成。第四纪近海地区和山间沟谷地带,接受了黄土、砂砾石堆积。

项目5 地质编录

任务1 探槽编录

1 编录对象

探槽编录的对象是经地质、施工管理及施工人员三方现场验收合格,施工质量符合要求并已达到地质目的的探槽(含样沟、剥土、采场以及其他的天然露头)。

1.1 编绘壁及编绘方向

探槽一般编绘一壁一底。在一个工作区内,编绘壁(即首选壁)不宜统一规定哪个方向的槽壁,而应根据探槽中基岩出露(或可能出露)情况选定。

1.2 竣工探槽的编绘壁及绘图方向

应将基岩出露较高、地质现象较丰富的一壁作为编绘壁(如果两壁情况相似,则任选一壁),然后将编绘壁置于作图员前方,这时,探槽两端都可以作为编录起点,为作图方便,一般选择作图员左端作为起点,自左往右逐段编录和绘图。

1.3 施工中探槽的编绘壁及绘图方向

(1)两壁地形高差明显时选高壁作为编绘壁。

编录和绘图的起点为探槽施工的起点,而编绘壁应视具体情况确定,两壁地形高差明显时,选高壁作为编绘壁。编绘壁置于作图员前方,以探槽施工的起点为编录和绘图的起点,依次逐段编录。这时,如果起始端在作图员左侧,则自左往右编录和绘图;如果起始端在作图员右侧,则自右往左编录和绘图。

(2)探槽两壁地形高差不大时任选一壁作为编绘壁。

一般探槽两壁地形高差不大时任选一壁作为编绘壁。选择作图员左端作为起点,则作图员面对的一壁作为编绘壁,自左往右逐段编录和绘图。

2 基点基线设置

2.1 设置基点基线

(1)基线应选择合适的长度和位置。

基点应选择在使基线的长度较为合适,且在浮土与基岩界线附近的位置为宜,但探槽的起、止端的基点应比较牢固地固定在地表,以便定测其坐标。

(2)拐弯处应设基点。

探槽有拐弯时,应在拐点处设基点,使基线尽量与编绘壁靠近,但又不致发生弯曲。

(3)基线固定在基线桩的底部。

基线(一般为皮尺)应拉紧固定在基线桩的底部,以减少基线与编绘壁之间的误差。

(4) 基线不作地质分层记录用。

基线主要作为绘制素描图时投影地质要素用,由于基线上的分层等位置往往是斜距,而与密切相关的采样平面图及地质图上的平面位置不吻合,故不能作为地质分层记录用,在完成的探槽素描图中也不保留,而只保留基点。

2.2 基点基线数据的测量记录

前、后测手分别用罗盘测量基线的方位角和坡度角,二者误差在 3°内取平均值,连同基线长度记录于表 5-1 中。

表 5-1 坑探工程基点基线记录表

项目(矿区)名称: 工程号: / 页

基点				基线				
编 号	坐标(m)			编号	长度(m)	方位角(°)	坡 度(°)	平距(m)
	X	Y	Z					

记录人: 日期 检查人: 日期

2.3 工程定位

较长探槽的起、止端,大拐弯基点及重要矿体位置都应定位。预查区可以手持 GPS 或半仪器法定位。探槽的测量精度应满足相关要求。

3 地质观察、分层与布样

3.1 总体要求

3.1.1 地质观察

(1) 现场编录人员对地质现象的观察研究要认真、细致、全面,测量地质体的产状、形态、大小等数据要准确，采集标本、样品的规格和数量要满足要求。

(2)观察岩石的矿物组分、结构、构造及其变化，确定岩石名称；观察岩石的蚀变类型、蚀变矿物及含量、蚀变程度、蚀变分带等及与矿化的关系；观察矿(化)体厚度、矿石自然类型及工业品级(目测含量)等；观察断裂、裂隙分布位置、断层破碎带特征及宽度、断层性质、切割矿体程度等。

(3)详细划分不同的岩性层，掌握蚀变或矿化(体)赋存位置、成矿有利因素、矿体破坏情况等。

3.1.2 地质分层

1.分层总要求

分层应合理，按比例尺要求，地质体和重要地质现象不遗漏，各种地质界线划分准确，各层之间接触关系清楚。

2.分层单元的确定

分层单元视地质(矿)体复杂程度而定，一般应小于或等于矿区填图单元。矿体分层厚度及夹石剔除厚度，以设计或该矿种勘查规范推荐的工业指标为准，凡图面上>1 mm 的矿(化)体层、矿石类型和工业品级都应分层，图面上<1 mm 的矿体也应放大表示；不同岩石类型及地质(构造)的分层可以较矿(化)体层适当放宽。

3.含矿层及矿(化)体的分层

对不同的含矿层或不同矿体的矿化类型、含矿岩石、矿石工业品级及蚀变类型等都应进行划分。分层之后，还要对矿(化)体部分按取样长度规定及矿体内部结构划出采样位置。

在分层确认的基础上，在现场用油漆标注各种岩、矿体分界线及断层、裂隙位置，并加注矿区统一拟定的代号，使其醒目，便于投影作图和记录。

4.无矿化岩层的分层

应按矿区填图单元，结合岩石组合、构造、蚀变等变化特征进行分层。结合野外地质标志将岩性、成分、结构、构造、生物组合等具明显特征，显著区别于相邻地质体的地层或岩石，划分为不同的岩性层或岩相带等。对于重要的构造界面，如断层的位置、性质、断层面(带)特征等也应进行划分、描述。

在具体编录中，文字记录和图均要求对图上宽度大于 1 mm、长度大于 3 mm 的地质体进行划分。

3.1.3 布样

“刻槽样”必须穿越矿(化)层及其直接顶、底板各 1~2 件样长，并首尾相接连续控制，确保样品对矿层控制既不间断也不重复。样品长度原则上与其勘查矿产的可采厚度一致。

3.2 基岩与残坡积层及转石的判别

槽壁上的基岩高度原则上应不低于 30 cm，并能够准确判断槽壁及槽底残坡积物与风化基岩的界线。

3.3 布样

探槽中的“刻槽样”应根据矿体的揭露情况布置，在保证样品代表性及规格的前提下，一般在编绘壁底部，或靠编绘壁一侧的槽底布置。

3.4 分层界线、样品位置及其代号标注

使用红(白)油漆在探槽中标注出分层界线、样品位置及其代号等重要编录要素绘图、

记录。

3.5 拍照

探槽拍照应在完成探槽的观察、分层、布样及标注后，对编绘壁及槽底（有刻槽样的部分）分段连续用高分辨率数码相机拍照，并建立工程电子文件保存。在拍照时做到以下几点：

(1)按照探槽编录方向，由起点向终点连续拍摄，照片中应反映出基点编号、分层界限、采样位置等内容。

(2)每幅照片内所取实体的宽度不宜太大，以取景框内上下装满素描壁及槽底（有刻槽样的部分）为准。

每幅照片的左上角或右上角放一标签，标签高 0.1 m、宽 0.2 m 左右，上写矿区及工程编号、起止基点号和平距，如红山矿区 TC 201 号探槽 2~3 点平距 35~39 m 的照片标签如图 5-1 所示。

红山矿区TC201
2~3点
平距35~39 m

图 5-1 探槽拍照标签示意图

4 素描图

素描图是通过测量槽壁及槽底上的各类地质编录要素（界线、产状、标本及样品位置等）与基线的相对位置，按比例缩小后描绘到坐标纸上的槽壁、槽底素描（展开）图。绘图的基本方法是先由测手将实地的要素点分别投影到基线上读出各自的相对位置，再由作图员在图上按基线与要素点的相对位置及比例尺投绘完成。

根据地质复杂程度，素描图比例尺一般为 1:100~1:200。

4.1 基本要求

4.1.1 槽壁及槽底绘图位置

槽壁绘于素描图的上方，槽底绘于素描图的下方，槽底与槽壁之间应留 1 cm 至数厘米间隔（以便标注产状、样号等），槽底按正投影绘成等宽的长方形，其宽度一般为 1.5~2.0 cm；若遇特殊情况，需绘另一槽壁（辅助壁）时，应与首选壁呈镜相投绘在槽底的下方，见图 5-2。

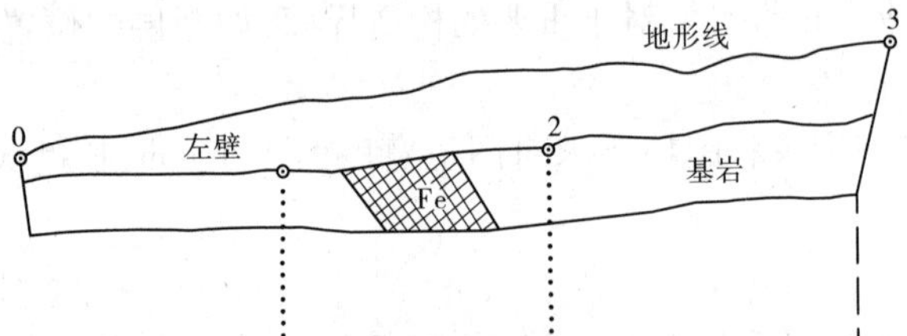

图 5-2 槽壁、槽底及辅助壁位置示意图

4.1.2 地质体素描

作图时，应根据地质体的形态（如透镜状、波状、分枝状等）特征勾绘素描，保持图中地

质体的形态与实际吻合。

4.1.3 地质体的素描精度

按比例缩小后宽度大于1 mm的地质体均应勾绘到素描图上，特殊地质现象应放大素描(见图5-3)。

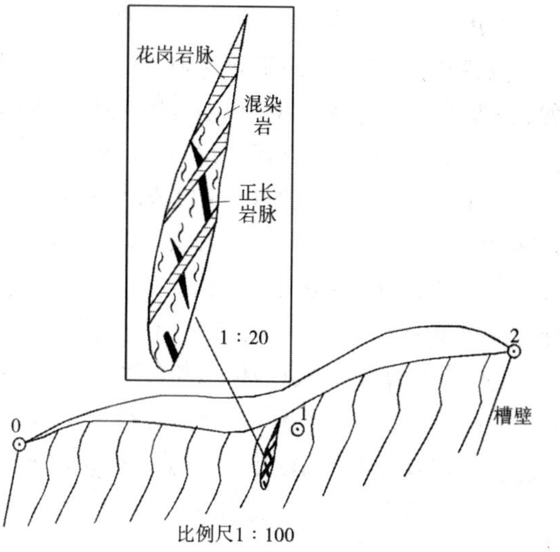

图5-3 特殊地质现象放大素描图

4.2 普通探槽绘图方法

4.2.1 基本要求

(1)合理布置各绘图要素的位置。作图员准备好图板及坐标纸，面向编录壁。根据探槽的长度、高差等，确定图名、比例尺、基线起点、槽壁、槽底、责任表(图签)及样品分析结果表在坐标纸上的相应位置，原则上应布局合理，整齐美观。

(2)绘制基点、基线。作图员以图上确定的第一个基点起，以每条基线的长度及坡度角按比例用较软的铅笔依次在坐标纸上绘出各段基线及基点。基线主要是用在各要素点的投影中，素描手图完成后，基线在图上不再保留。

(3)投绘地质要素点。测手逐一将槽壁、槽底上各地质要素点垂直投影到基线上，并报告各要素点在基线上的位置(读数)及垂距(基线上×米，或基线下×米)，作图员据其基线读数、垂距投绘各地质要素点。

4.2.2 投影绘图步骤

一般投影绘图步骤如图5-4所示。

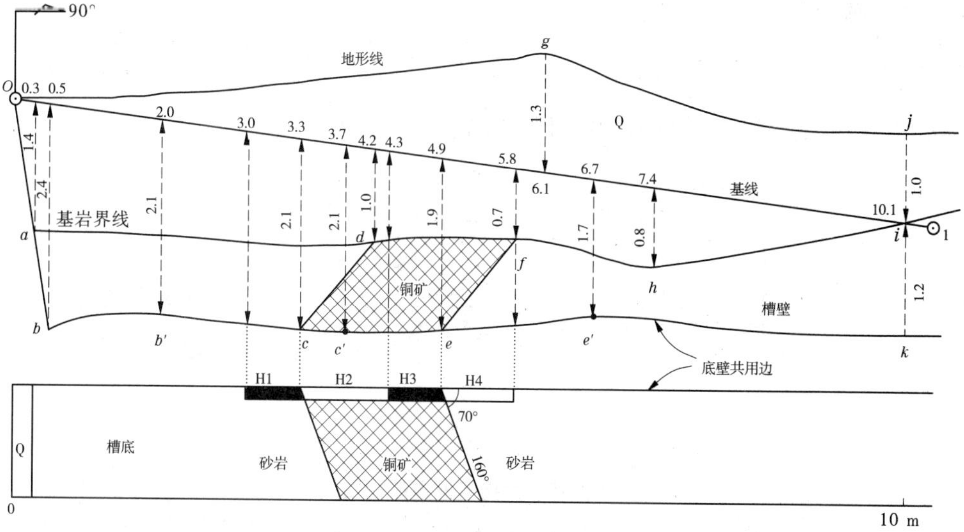

图5-4 探槽地质要素点投绘示意图

(1)投绘地形线。测手依次测量并报告地形线上的特征点数据：基线起点、基上0 m；基线6.1 m、基上1.3 m(*g*点)；基线10.1 m、基上1.0 m(*j*点)。作图员依次在图上投绘出地形

点 O、g、j 三点，再根据地形变化情况，描绘出槽壁上部地形线。

（2）投绘基岩界线。测手依次测量并报告浮土与基岩界线上的特征点数据：基线 0.3 m、基下 1.4 m（a 点）；基线 4.2 m、基下 1.0 m，铜矿体顶板上界点（d 点）；基线 5.8 m、基下 0.7 m，铜矿底板上界点（f 点）；基线 7.4 m、基下 0.8 m（h 点）；基线 10.1 m（i 点）。作图员依次将各点投绘到图上，并根据基岩界线变化情况，描绘出基岩界线（a—d—f—h—i）。

（3）投绘壁底（底壁共用边）界线。测手依次测量并报告壁底界线上的特征点数据：基线 0.5 m、基下 2.4 m（b 点）；基线 2.0 m、基下 2.1 m（b'点）；基线 3.7 m、基下 2.1 m（c'点）；基线 6.7 m、基下 1.7 m（e'点）；基线 10.1 m、基下 1.2 m（k 点），作图员依次将各点投绘到图上，并根据壁底界线变化情况，描绘出壁底界线（b—b'—c'—e'—k）。

（4）投绘槽壁上铜矿体。测手逐一测量并报告槽壁上铜矿体各要素点：基线 3.3 m、基下 2.1 m、铜矿体顶板下界（c 点）；基线 4.2 m、基下 1.0 m、铜矿体顶板上界（d 点）；基线 4.9 m、基下 1.9 m、铜矿底板下界（e 点）；基线 5.8 m、基下 0.7 m、铜矿底板上界（f 点）；作图员依次将各点投绘到图上，描绘出铜矿体顶、底板界线。

（5）投绘槽底铜矿体及刻槽样位置。测手逐一测量并报告槽底铜矿体及刻槽样各要素点：基线 3.0 m、槽底刻槽样 H1 起点；基线 3.3 m、槽底刻槽样 H2 起点（H1 止点）；基线 4.3 m、槽底刻槽样 H3 起点（H2 止点）；基线 4.9 m、槽底刻槽样 H4 起点（H3 止点）；基线 5.8 m、槽底刻槽样 H4 止点。作图员依次将槽底上的 H1、H2、H3、H4 投绘到图上；测手测量槽底铜矿体的走向为 160°，作图员根据基线方向（90°）及矿体走向（160°）的夹角（70°）在槽底上投绘铜矿体顶底板平面界线。

（6）完成素描手图。作图员在投绘各地质要素点的基础上，连接、素描各地质体及标本、样品位置后，初步完成野外素描手图。

4.3 特殊探槽绘图方法

4.3.1 大拐弯探槽的绘图

1.绘图原则

探槽方向变大或变小超过 15°时（见图 5-5），素描图中槽底拐弯处的地质界线会发生错位等变化，需进行处理，在绘图时，遵循以下原则：

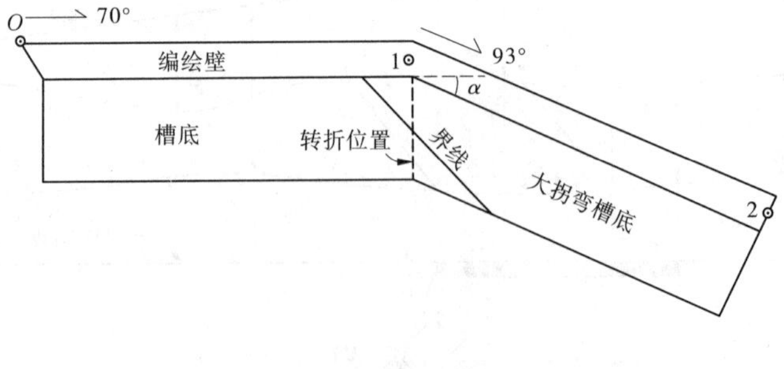

图 5-5 大拐弯探槽俯视图

（1）编绘壁及布置在壁上的基线和各种地质界线在拐弯处仍然是连续的，即在素描图中均应连续绘制不断开。

（2）槽底中位于编绘壁下方的底壁共用边，包括共用边附近的刻槽样，在拐弯处也应连续绘制不断开。

（3）槽底在拐弯处，除底壁共用边外，其余部分槽底及其中的地质界线应裂开或重叠（裁剪）拼接绘制。

2.探槽方向变大时的绘图

采用裂开法绘拐弯处槽底图。做法如下：

（1）拐弯处自底、壁共用点起，向对侧成扇形裂开，裂开的角度等于基线方位差。裂开的槽底上如果有地质界线，则应断开绘制（地质界线的走向应按基线方位差减小）。

（2）裂开区可以自拐弯处前、后段各裂开 1/2 基线方位差（见图 5-6），也可以视前一导线的槽底素描图已经完成，不受后一导线方向变化的影响而全部在拐弯的后一段槽底裂开（见图 5-7）。

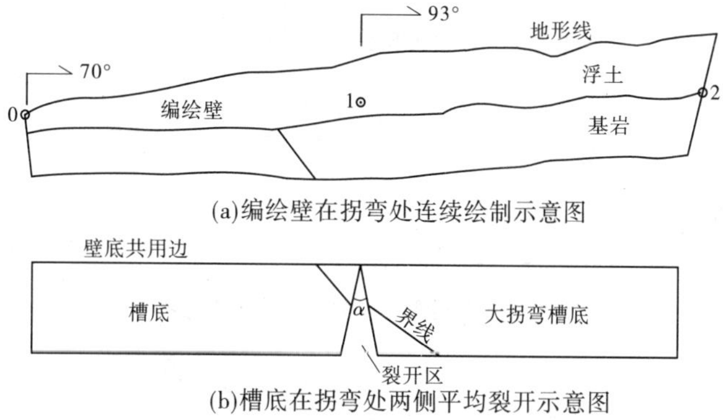

图 5-6　探槽方向变大时素描图

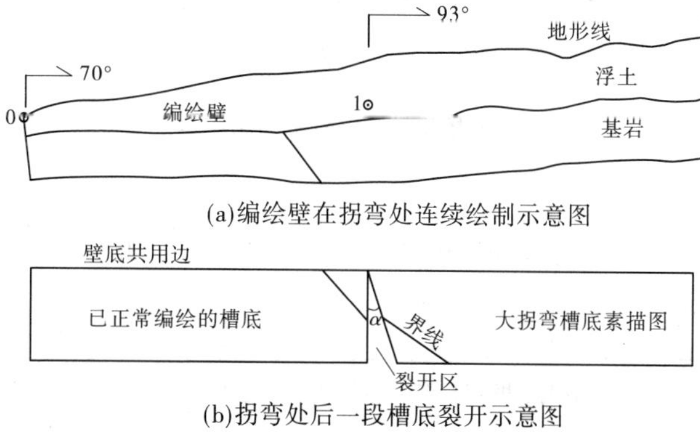

图 5-7　大拐弯探槽仅裂开后一段槽底示意图

3.探槽方向变小时的绘图

采用重叠（裁剪）拼接法绘制拐弯处槽底图。做法如下：

（1）拐弯处自底、壁共用点起，向对侧重叠（裁剪）一块等于方位差的扇形槽底后再拼接而成。拼接后的槽底上如果有地质界线，则应断开绘制（后一段地质界线的走向应按基线方位差增大（见图 5-8）。

（2）重叠区可以自拐弯处前、后段各处理 1/2 基线方位差（见图 5-9），也可以视前一导线的槽底素描图已经完成，不受后一导线方向变化的影响而全部在拐弯的后一段槽底处理（见图 5-10）。

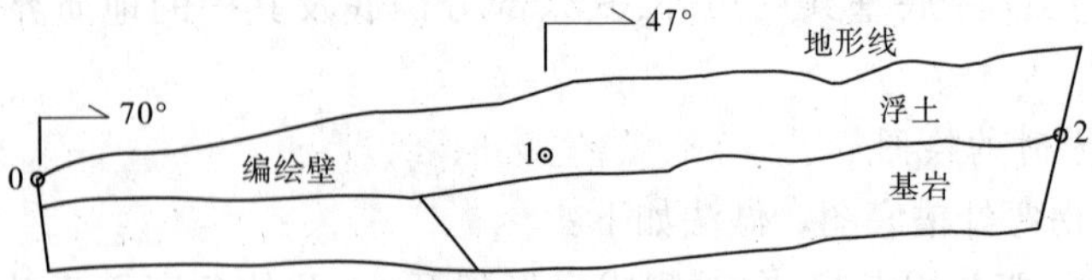

(a)编绘壁在拐弯处连续绘制示意图

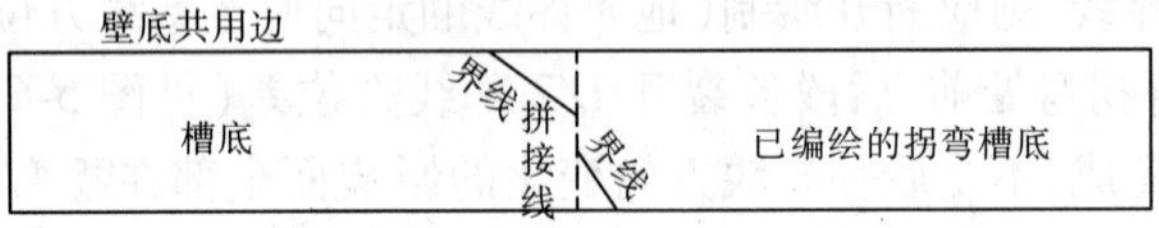

(b)方向变小槽底素描示意图

图 5-8　探槽方向变小时素描图之一

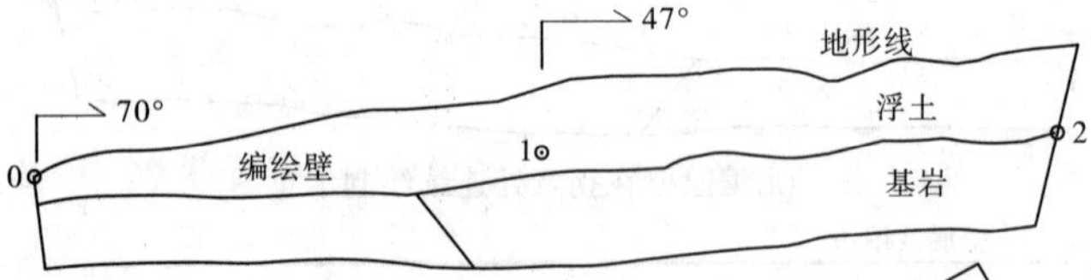

(a)编绘壁在拐弯处连续绘制示意图

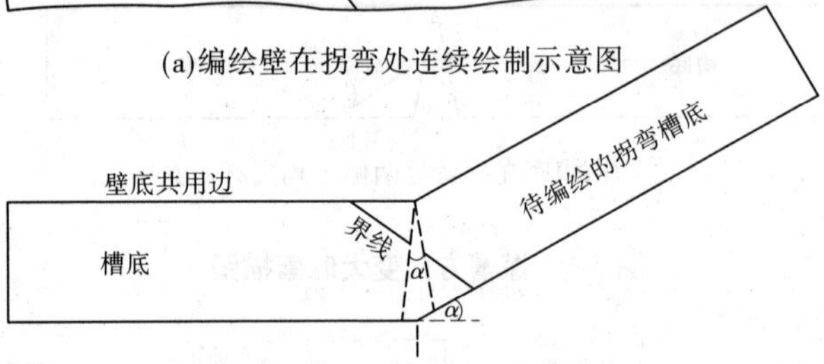

(b)拐弯处槽底两侧平均裁剪示意图

图 5-9　探槽方向变小时素描图之二

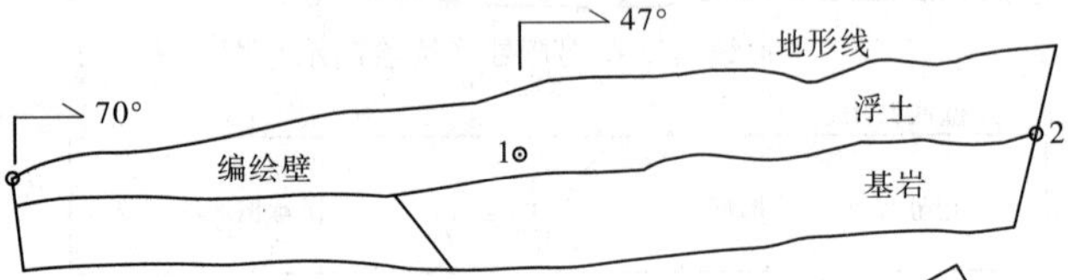

(a)编绘壁在拐弯处连续绘制示意图

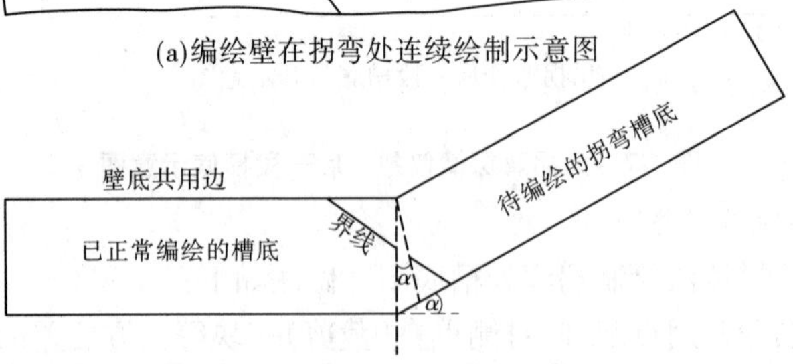

(b)拐弯处槽底后段裁剪示意图

图 5-10　探槽方向变小时素描图之三

(3)重叠区如有重要地质现象,应素描或拍照并插入探槽素描图的相应位置。

4.3.2　陡坡探槽的绘图方法

探槽较长且坡度较陡时(见图5-11),编绘壁可分段垂直上下移动,绘成锯齿状(槽底图仍连续),可以使图面结构均匀、美观,减少空白图面。但这时要注意各段之间的地质要素应严格吻合。

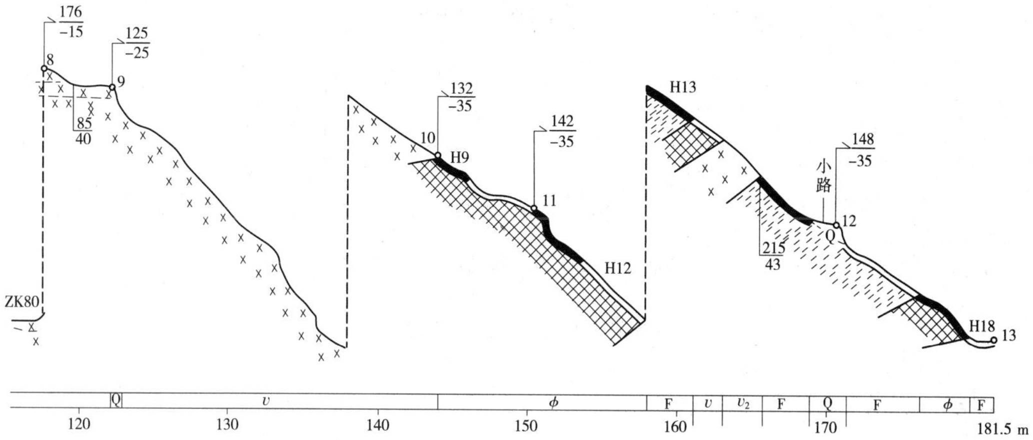

图5-11　陡坡及无壁探槽素描图

4.3.3　无壁的天然或人工露头的绘图方法

这类露头没有编绘壁,为了能够表示地质体的空间特征、露头方向、坡度等,将素描图绘成无槽底的剖面图,各类样品绘于剖面地形线下方。

4.4　槽底的绘制长度及连续性

槽底应绘制水平标尺,其长度为各基线水平长度之和。如某探槽基线数据如表5-2所示,基线平距累计长度160 m即为探槽素描图水平标尺长度(见图5-12)。

表5-2　探槽基点基线记录表

矿区名称:				工程号:TC				
基点				基线				
编号	坐标(m)			编号	方位(°)	长度(m)	坡度(°)	平距(m)
	X	Y	Z					
0	2945640	498316	1564					
1				1	87	30.46	+10	30
2				2	65	30.66	+12	30
3				3	79	20.70	+15	20
4	2945600	498310	1577	4	90	40.39	+8	40
5				5	114	40.30	−7	40
				合计				160

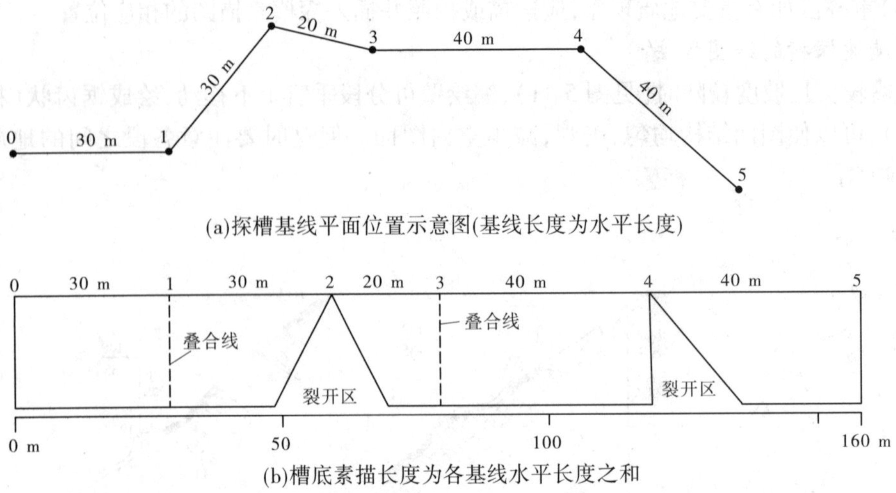

图 5-12 槽底绘制长度示意图

5 记录

5.1 总体要求

5.1.1 地质描述内容

(1)矿体、矿化蚀变带、近矿围岩(顶底板)、标志性层位、构造部位、标志性矿物及变化等方面应详细描述。

(2)岩(矿)石名称、颜色、结构构造、矿物成分、矿化特征、蚀变现象、构造破碎情况、次生变化、地质构造、各类岩(矿)石标本、样品采集等内容应描述记录。

(3)测量并记录岩(矿)石标志面特征和产状:层面、片理面、断裂面、接触界线等。

(4)岩层、矿化、蚀变在小范围内有变化时,应测量并注明其具体位置。

(5)选择有地质意义且有代表性的地质体,作大比例尺素描图或拍照。

(6)记录原始地质编录过程的各种数据等。

5.1.2 记录

(1)可以使用防水签字笔做原始记录。如果使用铅笔(2H)记录,则数字要求全部上墨。

(2)记录项目、格式、描写内容和顺序、计量单位符合有关标准的要求。

(3)记录层次分明、重点突出、语言精炼、概念清楚、字迹清晰。

(4)分层数据记录准确,各层之间接触关系应叙述清楚。

(5)岩(矿)石定名基本准确,岩性描述详细且与定名相符,岩(矿)石的宏观特征及变化情况反映清楚。

(6)矿化与蚀变的岩石及矿物特征、种类、强度及其关系等描述清楚,对矿体及顶底板、矿化蚀变带和构造部位等进行详细描述记录。

(7)构造类型、特征、性质及其与蚀变、矿化和相邻地区地质体的关系等描述准确。

(8)各种原始数据记录准确,计算数据可靠,编录基线及岩芯丈量准确,岩(矿)层产状数据齐全、准确、有代表性。

(9)编录要求现场记录所见地质现象,严禁事后补记(录)。记录时,还应将实际观测资料与推断解释资料加以区分。

(10)按分层原则及确定的绘图比例尺,凡在图上宽度大于 1 mm、长度大于 3 mm 的地质体或地质现象,均应记录并在图上表示;如遇特殊地质现象,应附大比例尺素描图(或拍照)。

(11)原始地质编录的文字、图件、表格必须互相对应、吻合、一致(统一的格式和表达方法),整洁、美观、字迹工整,字体规范。见表 5-3。

表 5-3 坑探工程地质记录表

矿区名称:××铅锌矿区　　工程编号:TC05 探槽　　第 1 页/总　页

分层序号	水平位置		岩矿层代号	层位	地质描述	样品位置	产状
	起	止					
1	0.00	6.00	Ls	……	灰岩……	H1	
2	6.00	12.00	Pb1	……	一品级铅锌矿……	2~4	6 m:68° ∠55°
3	12.00	20.00	Ls	……	灰岩……	5~8	
4	20.00	26.00	Pb1	……	一品级铅锌矿……	9~11	
5	26.00	34.00	Ls	……	灰岩……	12~15	
6	34.00	40.00	Pb2	……	二品级铅锌矿……	16~18	
7	40.00	44.00	Ls	……	不纯灰岩……	19	

5.2 地质要素位置的记录规定

分层界线、样品等地质要素位置以其所在岩、矿层的产状(倾角)投影到底壁共用边上,然后按水平标尺读数为准进行记录。这样,既符合编录文、图一致的原则,又便于编录资料在编制采样平面图及资源量估算(地质)图时利用。如××铅锌矿区的 TC05 探槽长 44 m,经地质编录,划分了 7 个地质分层,采取刻槽样 19 件,它们的位置与各基线的方向、长度、坡度等都没关系,而是记录其在壁底的位置对应水平标尺上的读数,如图 5-13 所示。

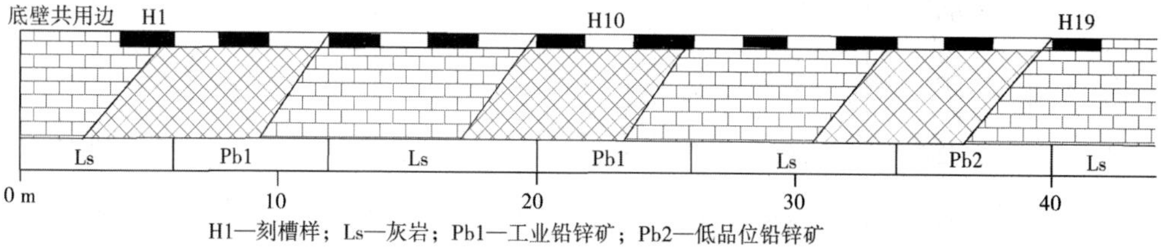

图 5-13 ××铅锌矿区 TC05 探槽槽底素描图(局部)

6 探槽及刻槽样在采样平面图上的展绘

完工的探槽及其地质界线和刻槽样品位置最终要展绘到矿区地表采样平面图及资源量估算剖面图上,作为矿体圈定及资源量估算的主要依据之一。采样平面图上反映的探槽位置(直线或折线)及样槽是以经过定位的各基线(样槽)的平面位置。展绘可以直接在数字化图件上进行,具体展绘方法如下:

第一步,在有坐标网的平面图上展绘有定测坐标的基点,作为探槽在平面图上的控制点，再将每两个控制点之间的各段编录基线依其方位与平距展绘到平面图上，如果它们在图上的位置与控制点吻合，这些基线（素描壁及槽底的一条边）即为探槽的平面位置（单线），如果它们在图上的位置与控制点不吻合，则在两个控制点内对有关的基线进行平差处理。

第二步，展绘刻槽样。根据刻槽样在底壁共用边上的投影位置（按矿体产状投影），分别将其展绘到采样平面图上，刻槽样沟的一个边与探槽的位置重合。

第三步，展绘地质界线。将底壁共用边上的地质界线展绘到采样平面图上。

例如××矿区采样平面图比例尺为 1∶1 000，TC02 探槽有 8 段基线，0 和 8 两个起、止端点的定测坐标如表 5-4 所示。

表 5-4　××矿区 TC02 探槽基点坐标

基点编号	基点坐标		
	X	Y	Z
TC02-0	3157283.51	466900.58	3213.26
TC02-8	3147341.22	467118.56	3255.45

首先将 0 和 8 点展绘到有坐标网的 1∶1 000 平面图上（见图 5-14(a)），然后按各基线的方向及平距依次将原始编录的基线试绘到平面图上时，发现图上编录基线较控制点平距短 3.5 m（见图 5-14(b)），按表 5-5 进行平差处理，计算出平差后各基线长度，并重新展绘探槽位置（见图 5-14(c)）、刻槽样、地质界线等。

表 5-5　××矿区 TC02 探槽编录误差及处理表

编录基线				图上误差	相对误差	平差后基线长度
基线	方位	平距	探槽长度			
		a	b	c	$d=c/b$	$e=a(1+d)$
1	66	28.3				28.7
2	70	27.2				27.6
3	72	30.0				30.47
4	83	25.5				25.9
5	81	30.0				30.47
6	82	28.0				28.4
7	75	30.0				30.47
8	77	26.0	225	+3.5	+0.015 6	26.4

注：长度单位为 m。

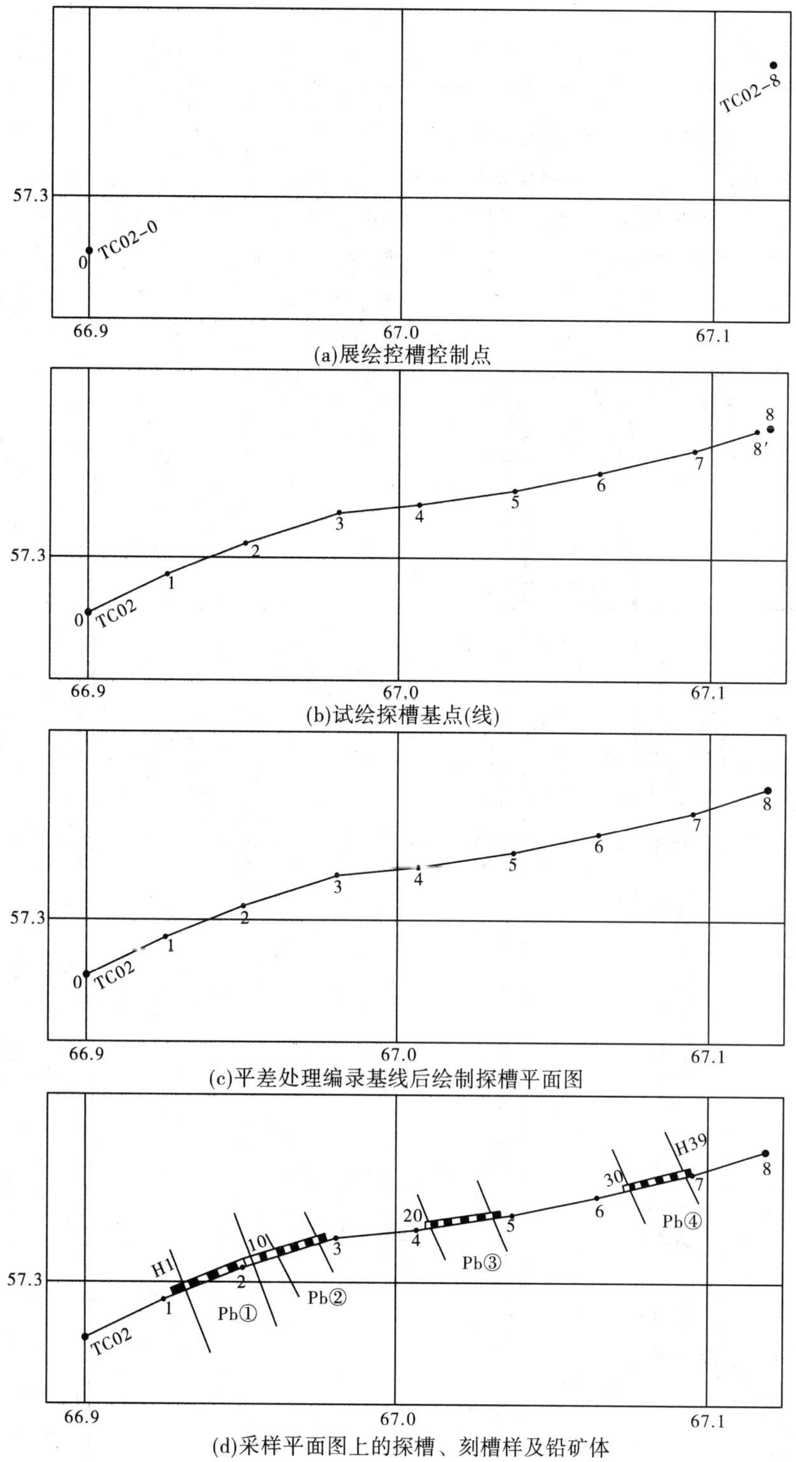

(a)展绘控槽控制点

(b)试绘探槽基点(线)

(c)平差处理编录基线后绘制探槽平面图

(d)采样平面图上的探槽、刻槽样及铅矿体

图 5-14 采样平面图上探槽展绘示意图

探槽素描图见图 5-15。

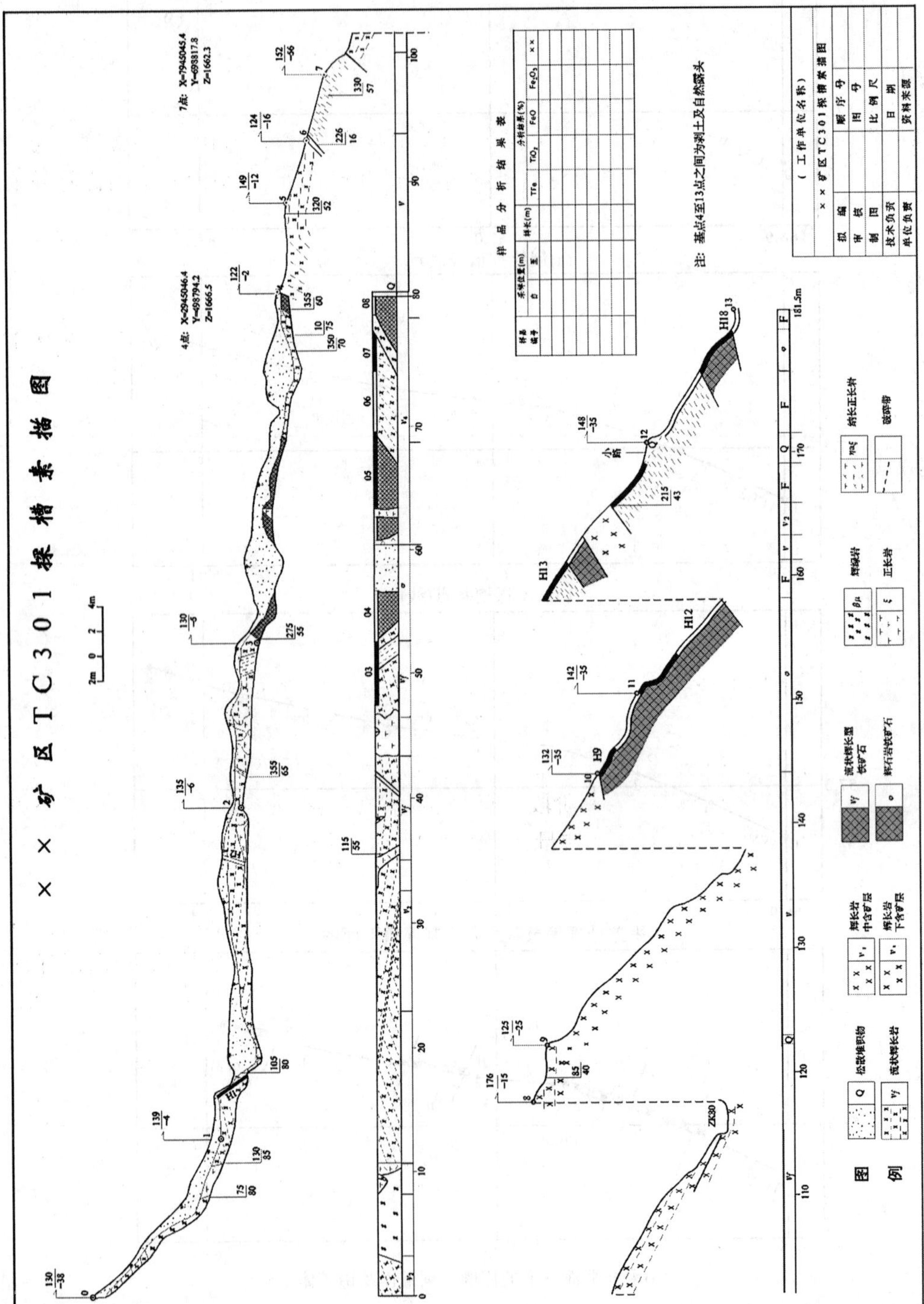
××矿区TC301探槽素描图
样品分析结果表
注：基点4至13点之间为剥土及自然露头
图例
松散堆积物
流状辉长岩
辉长岩 中含矿层
辉长岩 下含矿层
流状辉长质铁矿石
辉石岩铁矿石
辉绿岩
正长岩
钠长正长岩
破碎带
××矿区TC301探槽素描图

图 5-15　探槽素描图

任务2 坑道编录

1 概述

按坑道与矿体关系,分为穿脉坑道(简称穿脉)及沿脉坑道(简称沿脉)。穿脉横向揭穿矿体,沿脉顺矿体走向,其中在矿体内部的称脉内沿脉,在矿体顶、底板围岩中的称脉外沿脉。

2 首选壁及绘图方向

坑道都是从坑口起“0”开始编录的,一般用压平展开法绘制两壁一顶。为了与采样平面图及地质图等对应,素描时,一般图的左侧方位角为180°~360°,右侧为0°~180°。选择矿体出露比较完整、壁面相对平整的一壁作为首选壁,进行重点编录、布置刻槽样品。

3 基点基线设置

3.1 设置基点基线

3.1.1 坑道基点布设

坑道基点要求沿坑道顶板中心线布设。

3.1.2 有测量中线桩的基点布设及定位

(1)收集坑道施测中线桩的编号及每两点间的方向和平距(有水准的还有高程数据),以便修正地质编录中的有关数据完全与测量数据吻合,避免产生系统误差。

(2)基点尽量利用中线桩,且编号应一致。坑口的基点是坑道的起点和坐标点。

(3)坑内基点定位,在预查及普查阶段可由编录人员半仪器法测定方向、平距;详查以上勘查阶段,要求仪器测定;坑口基点测量应提供X、Y、Z坐标数据。

3.1.3 无测量中线桩的基点布设及定位

坑道中没有测量测定的中线桩时,地质人员则自行设定基点;坑道有拐弯时,应在拐点处设基点。坑口基点用手持GPS测量,罗盘后方交会及坑口地形、微地貌特征验证,以保证坑口定位准确性。

3.1.4 基点编号

除已有的中线桩编号保留外,其余编号从坑口向坑内按顺序依次编号。

3.2 测量方位角及坡度角

基线应测量长度、方向及坡度。坡角的上坡记为“+”,下坡记为“-”。将测量的基点基线数据记录于专门的“坑探工程基点基线记录表”中,见表5-1。

4 观察、分层与布样

4.1 总体要求

参照“探槽编录5.1、5.2”的有关要求进行。

4.2 清洗坑壁

编录前,施工人员应根据编录要求,将矿体、断层及其他重要地质体出露地段的坑壁上的岩石粉尘刷洗干净,露出完整的基岩,以确保观察的清晰和准确。

4.3 观察重点

重点观察穿脉坑道的见矿地段,沿脉坑道的陡倾角矿体的顶板和掌子面及缓倾角矿体的两壁和掌子面。它们是布样的依据、素描图的重点。

4.4 标注分层界线、样品位置及其代号

在分层确认的基础上,对坑道素描壁及顶板上基岩出露的各种岩性或矿体分界线、断层及裂隙界线等,应在分层的同时用油漆(或防水彩色符号笔)标注,尤其对不同矿体、不同类型、不同品级的矿石出露范围,用拟定的代号明显标出,便于作图投影及记录时方便迅速。

4.5 布样

根据矿体的揭露情况及坑壁的平整情况,一般在首选壁的腰线以下位置布样。

4.6 拍照

在完成坑道观察、分层、布样后,对穿脉坑道的首选壁及沿脉坑道的掌子面分段连续数码拍照,并建立工程电子文件保存。

拍照参照"探槽编录 3.5"的有关要求进行,但注意以下两点:

(1)拍照应在较好的照明条件下进行,对象以湿润的坑壁为主,每幅照片内所取实体的宽度以坑壁高度为准(如果取景框高度不够,应加装广角镜头)。

(2)每幅照片的左下角或右下角放说明卡片,标注坑道编号、基点起止号、起止平距。

5 绘图

5.1 概述

素描图是通过测量坑壁及坑顶上的各类地质编录要素(界线、产状、标本及样品位置等)与基线的相对位置,按比例缩小后描绘到坐标纸上的坑壁、坑顶素描图。绘图的基本方法是先将实地的要素点分别投影到基线上读出各自的相对位置,再由作图员在图上按基线与要素点的相对位置及比例尺投绘完成。

5.2 基本要求

5.2.1 比例尺

根据地质复杂程度,素描图比例尺一般为1∶50～1∶200。

5.2.2 坑壁及坑顶绘图位置

坑道编录方向只有一个,都是从坑口起"0"开始编录,素描两壁一顶时,首选壁绘于图纸上方,坑顶绘于图纸中部,辅助壁绘于图纸下方;素描一壁一顶时,坑壁绘于图纸上方,坑顶绘于图纸下方;素描老硐一壁时,一般将素描壁绘制成实测剖面图形状。绘图比例尺一般为1∶50～1∶200。

5.2.3 绘制坑道轮廓图

坑道素描图的顶和壁采用压平法(见图5-16)及规则形态表示(见图5-17)。在绘制坑道轮廓前,先丈量坑道规格和测定坑壁的倾斜角度,分下面几种情况处理:

(1)顶宽和高的规格与设计一致或相差不大时,轮廓图按设计规格绘制。

(2)顶宽和高的规格与设计相差过大,则按二者的平均值绘制。如坑道顶宽设计1.5 m、实际1.7 m左右,则绘1.6 m宽;高度设计1.8 m、实际2 m左右,则绘1.9 m高。

(3)坑道壁斜度≥75°时,按铅直面绘制,即顶宽为设计顶宽或平均值,高为设计高或平均值。

(4)坑道壁斜度<75°时,顶宽仍用设计(或平均)顶宽,高度则为斜壁的上下宽度。

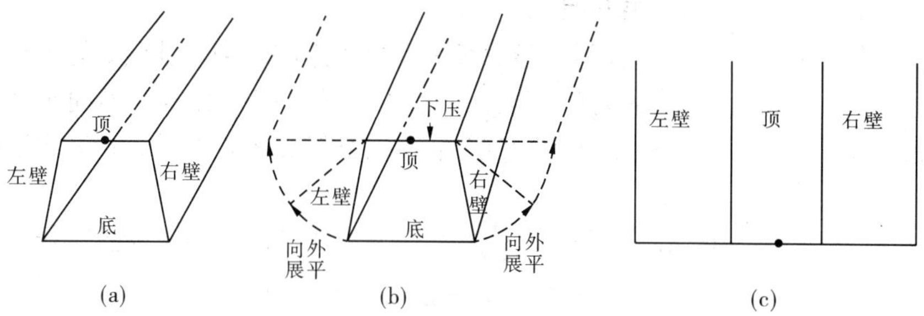

图5-16 压平法绘制坑道图

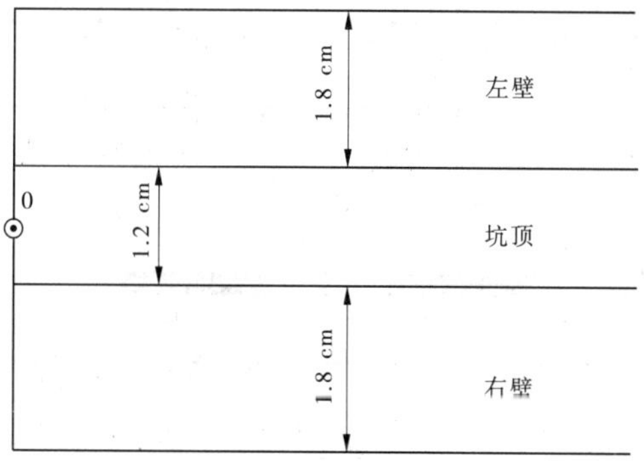

注:施工基本符合设计:顶宽1.2 m、壁高1.8 m

图5-17 坑道素描框图

5.3 绘图方法

5.3.1 一般方法

1. 穿脉坑道绘图方法

按下列方法绘图:

(1)坑道基本投影绘图点。

坑道的基本投影绘图面由壁及顶,基本投影点主要有壁下、壁中、壁顶、坑顶4个(见图5-18)。一般情况下,地质界线投影时,常用壁下、壁顶、坑顶3个投影绘图点,这3个点基本上可以控制一壁及坑顶两个面上的地质要素的基本形态。

(2)地质要素及地质体的投绘。

测手依次将各地质体的有关要素点垂直投影到顶板基线上,读取基线读数及要素点至顶板的垂距,并报告作图员,作图员根据基线读数及垂距在图纸上投绘出各要素点位置,然后根据地质界线出露情况将地质体的有关要素点连接并素描出地质体界线,如图5-19所示,某铜矿顶、底板界线投绘,测手将铜矿顶板各要素点自下而上、由左至右垂直投影到顶板基线上,并读出基线读数及要素点自基线的垂距,如表5-6所示。

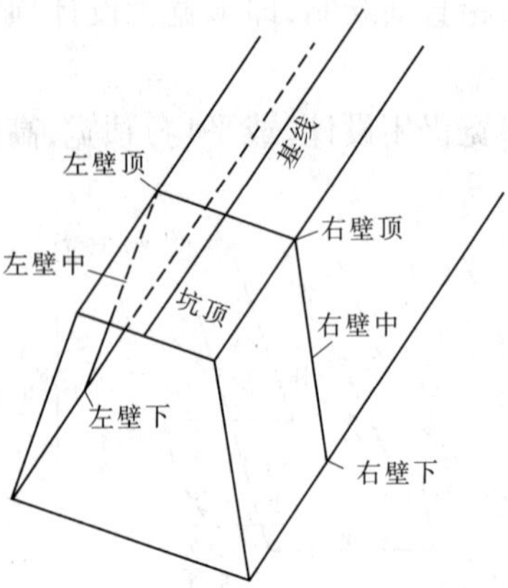

图 5-18　坑道中基本投影绘图点示意图

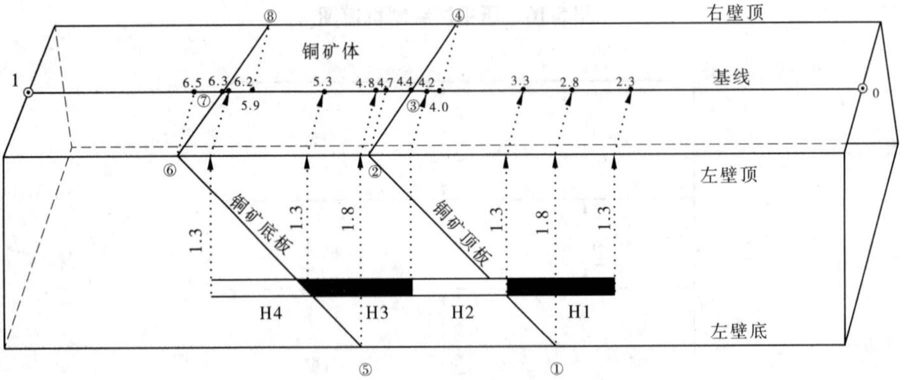

图 5-19　坑道左壁及顶投影(俯视)示意图

表 5-6　坑道测量要素点读数

点位	基线读数(m)	垂高(m)	要素点
①	2.8	1.8	铜矿顶板左壁底
②	4.7	0	铜矿顶板左壁顶
③	4.4	0	铜矿顶板坑中心
④	4.0	0	铜矿顶板右壁顶
⑤	4.8	1.8	铜矿底板左壁底
⑥	6.5	0	铜矿底板左壁顶
⑦	6.3	0	铜矿底板坑中心
⑧	5.9	0	铜矿底板右壁顶

作图员投绘素描成图:

第一步,铜矿顶板左壁底的投绘。在框图中基线上找出 2.8 m 位置,垂直投影到左壁顶,在自左壁顶垂直下投至左壁底,即得到① 点(铜矿顶板左壁底)。

第二步,铜矿顶板左壁顶的投绘。在基线上找到 4.7 m 位置,垂直投影到左壁顶,即得到②点(铜矿顶板左壁顶)。

第三步，铜矿顶板坑中心位置。在基线上找到4.4 m位置，即为③点（铜矿顶板坑中心位置）。

第四步，铜矿顶板右壁顶的投绘。在基线上找到4.0 m位置，垂直投影到右壁顶，即得到④点（铜矿顶板右壁顶）。

至此，铜矿顶板各要素点的投绘工作已完成，作图员依次连接①、②、③、④点，并素描出铜矿顶板在坑道左壁及坑顶的界线。

测手及作图员重复上述操作步骤，继续完成铜矿底板在坑道左壁及坑顶的界线的投绘素描及刻槽样H1、H2、H3、H4的投绘。

2. 沿脉坑道绘图方法

沿脉坑道施工过程中，往往要求按一定的间距作掌子面素描图。掌子面素描图轮廓规格应和顶壁吻合。掌子面亦坑道横截面，掌子面素描图就是作剖面柱状图，比例尺要求与坑道顶壁相同。掌子面素描图的投影图的投影和作图方法基本上与顶壁一致，只是基点布设在顶板中线上，以中线距离为准，基线布设是一端系在基点上，另一端自然下垂（铅垂）。

沿脉坑道顶和壁的投影和作图，其方法与穿脉坑道同，但掌子面必须进行专门编绘。具体方法如下：

（1）掌子面的投影。

测手依次将各地质体的有关要素点垂直投影到掌子面基线上，读取基线读数及要素点至基线的垂距，并报告作图员，作图员根据基线读数及垂距在图纸上投绘出各要素点位置，根据实际情况将各点分别延长或收缩到理想的坑顶、坑底、左壁、右壁上，再根据地质界线出露情况将地质体的有关要素点连接并素描出地质体界线。如图5-20中铜矿顶、底板界线投绘，测手将铜矿顶板①、②要素点分别自左往右及自右往右垂直投影到基线上读数并报告作图员，测手将铜矿底板③、④要素点分别自左往右及自右往右垂直投影到基线读数并报告作图员（见表5-7）。

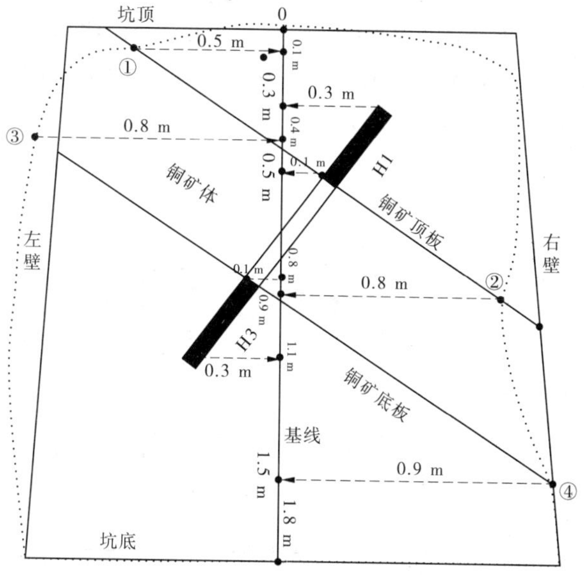

图5-20　沿脉掌子面素描示意图

表 5-7　掌子面测量要素点读数

点位	基线读数(m)	平距(m)	要素点
①	0.1	左 0.5	铜矿顶板上界
②	0.9	右 0.8	铜矿顶板下界
③	0.4	左 0.8	铜矿底板上界
④	1.5	右 0.9	铜矿底板下界

(2)作图员投绘素描成图。

第一步,按设计的坑道断面规格,绘出等腰梯形的掌子面理想轮廓图,如图 5-20 中坑顶、坑底、左壁、右壁组成的实线轮廓图。

第二步,铜矿顶板投绘。在基线上找出 0.1 m 位置,往左取水平距离 0.5 m 处,即得到①点(铜矿顶板上界实际位置);然后在基线上找出 0.9 m 位置,往右取水平距离 0.8 m 处,即得到②点(铜矿顶板下界实际位置)。

第三步,铜矿底板投绘。在基线上找出 0.4 m 位置,往左取水平距离 0.8 m 处,即得到③点(铜矿底板上界实际位置);然后在基线上找出 1.5 m 位置,往右取水平距离 0.9 m 处,即得到④点(铜矿底板下界实际位置)。

至此,铜矿顶、底板各要素点的投绘工作已完成,作图员依次将①点延长至框图坑顶上,将②点延长至框图右壁,将③点收缩至框图左壁,分别连接①、②和③、④点,并素描出铜矿顶板及底板在掌子面上的界线。

测手及作图员按上述操作方法,继续完成铜矿刻槽样 H1、H2、H3 的投绘(见图 5-20)。

(3)掌子面素描图的放置。

掌子面素描图是坑道素描图的附属部分,它与坑道素描图的关系应明显表现出来。一般的摆放形式如图 5-21 所示,图中坑道 6.4 m 及 11.4 m 处是掌子面位置,掌子面图顶界中心的 0 点应与坑道顶板中心点重合。

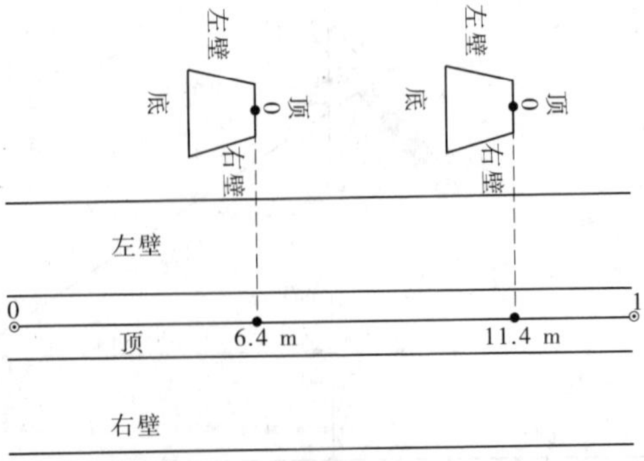

图 5-21　坑道与掌子面位置图

5.3.2 特殊坑道绘图方法

1. 坑道方向变化超过 15°的绘图方法

坑道方向变化或坡度改变在 15°以上时,应分段编录(见图 5-22、图 5-23)。

(1)绘图时在顶板上留出扇形叉口,弯壁上留出与叉口等宽的空白,叉口的夹角即方向改变的角度差。

(2)顶板上的基线连续不断开,基点绘在前一段基线的终点处,基点处沿前进方向绘约 1 cm 长的箭头线段,线段上、下方分别标注基线方向和坡度角;图下方的水平标尺连续绘制不断开。

(3)坑道方向改变后,坑壁上岩矿层的倾角线、顶板上的走向线在绘图时,方向和角度都有变化,出现岩石花纹不连续,可用直线在转向处分开。

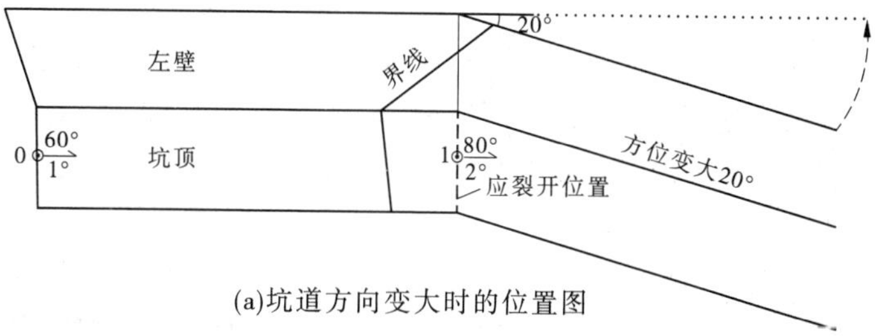

(a)坑道方向变大时的位置图

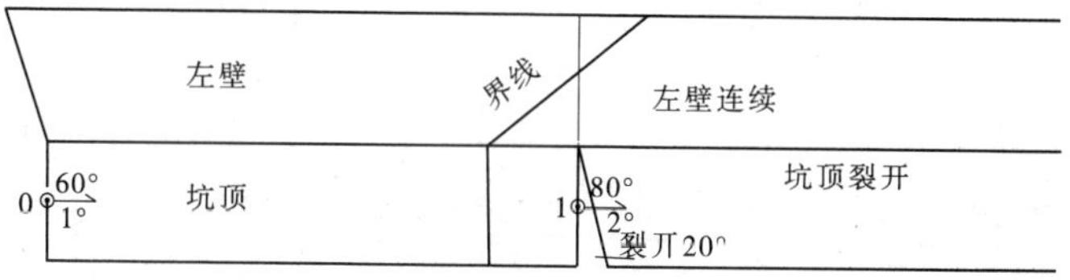

(b)坑道方向变大时的素描图

图 5-22 坑道方向变大时素描示意图

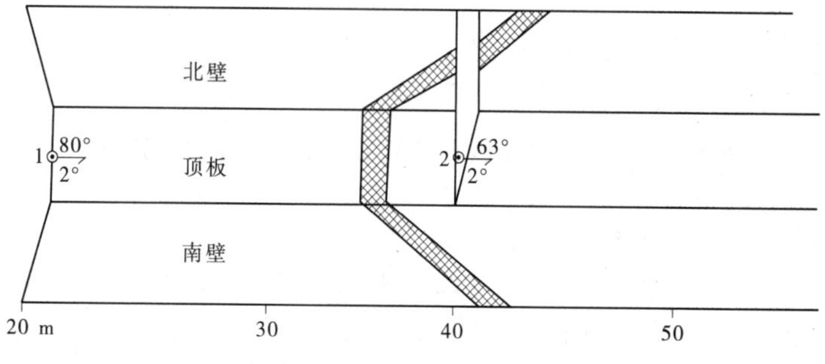

图 5-23 坑道方向变小时素描示意图

2. 陡坡坑道的绘图方法

坑道施工坡度改变在 15°以上时,也要分段编录,但素描图可连续绘制。

6 记录

6.1 总体要求

分层及样品的描述与记录总体上参照5.1.1“地质描述内容”、5.1.2“记录”的有关要求及表5-3“坑探工程地质记录表”的格式进行。

6.2 地质要素位置的记录规定

6.2.1 地质现象较简单时的记录

一般情况下，分层界线、样品等地质要素位置以其所在岩、矿层的产状（倾角）投影到主要坑壁底上对应的水平标尺读数为准进行记录。如××铌钽矿区CM501坑道素描图（见图5-24）中有13个分层，以各自在主壁底的累计水平标尺上的读数为准记录于地质记录表中（见表5-8）。

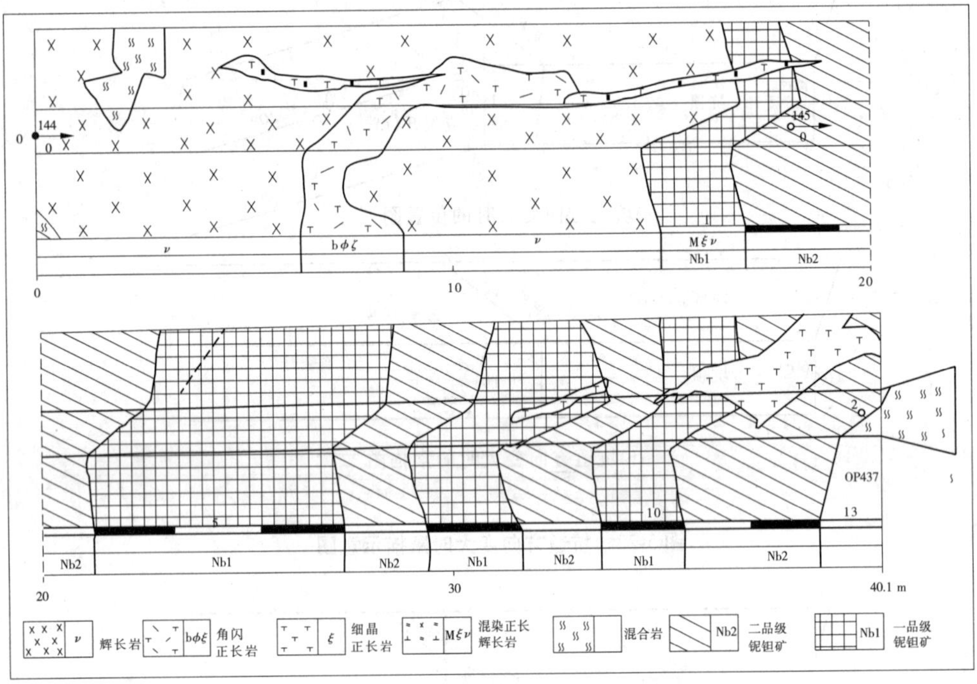

图5-24 ××铌钽矿区CM501穿脉坑道素描图（局部）

6.2.2 地质现象复杂时的记录

某些坑道中矿体在两壁及坑顶上的位置变化较大，形态复杂，所以在编录时，应视情况记录矿体及重要地质体在一个或两个壁底及坑顶的出露位置。如图5-25中，流状辉长岩在东壁底有3处出露，在东壁顶有1处出露；正长伟晶岩在东壁底有3处出露，在东壁顶有2处出露；辉石岩在东壁底及顶各有1处出露。在记录时分别以各自的出露位置对应于水平标尺读数进行记录，如表5-9所示。

表 5-8　坑探工程地质记录表

矿区名称：× ×铌钽矿区　　工程编号：CM501 穿脉坑道　　第 1 页/总　页

分层	水平位置		岩矿层代号	层位	地质描述	样品位置	产状
	起	止					
1	0.00	6.30	v	v1	浅灰色中细粒含橄辉长岩……		15 m：140° ∠70°
2	6.30	8.80	bξν	bξν	灰白色角闪正长伟晶岩脉。穿插于辉长岩中……		
3	8.80	15.00	v	v1	浅灰色中细粒含橄辉长岩……		
4	15.00	17.00	Nb1	Mξν	灰白色粗伟晶正长辉长混染岩型中等侵染状铌钽矿……	H1	38.60 m：160° ∠73°
5	17.00	21.10	Nb2	Mξν	灰白色粗伟晶正长辉长混染岩型星散侵染状铌钽矿……	2 ~ 3	
6	21.10	27.20	Nb1	Mξν	灰白色粗伟晶正长辉长混染岩型中等侵染状铌钽矿……	4 ~ 6	
7	27.20	29.10	Nb2	Mξν	灰白色粗伟晶正长辉长混染岩型星散侵染状铌钽矿……	7	
8	29.10	31.40	Nb1	Mξν	灰白色粗伟晶正长辉长混染岩型中等侵染状铌钽矿……	8	
9	31.40	33.30	Nb2	Mξν	灰白色粗伟晶正长辉长混染岩型星散侵染状铌钽矿……	9	
10	33.30	35.30	Nb1	Mξν	灰白色粗伟晶正长辉长混染岩型中等侵染状铌钽矿……	10	
11	35.30	38.60	Nb2	Mξν	灰白色粗伟晶正长辉长混染岩型星散侵染状铌钽矿……	11 ~ 12	
12	38.60	40.10		Mξν	浅灰色粗粒正长辉长混染岩……	13	

记录人：　　日期：　　检查人：　　日期：

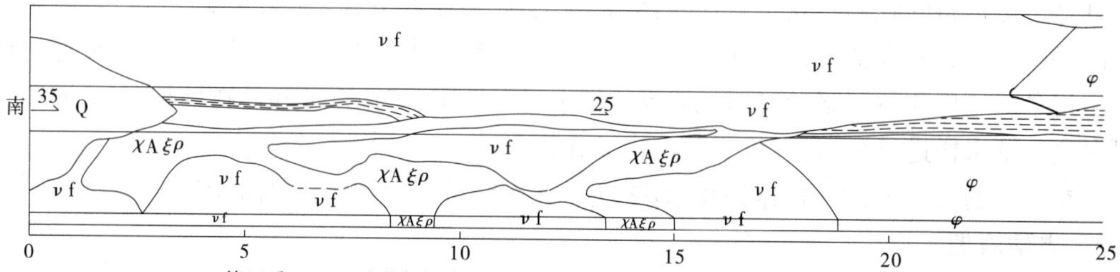

Q—第四系；ν f—流状辉长岩；χA ξρ—霓石钠铁闪石正长伟晶岩；φ—辉石岩

图 5-25　× ×铌钽矿区 YM2 沿脉坑道素描图（局部）

7　坑道及刻槽样在平面图上的展绘

坑道界线及刻槽样在中段平面图及资源量估算图上的展绘参照“探槽编录 6 探槽及刻槽样在采样平面图上的展绘”方法进行。

表 5-9 坑探工程地质记录表

矿区名称：××铌钽矿区　　　工程编号：YM2 沿脉坑道　　　第　页/总　页

分层	水平位置		岩矿层代号	层位	地质描述	样品	产状
	起	止					
1	东壁顶 0.00	东壁顶 2.45	Q	第四系	为空洞(浮土)……		
	西壁顶 0.00	西壁顶 2.80					
2	东壁底 0.00	东壁底 8.40	vf	辉长岩一矿带	流状辉长岩……		
	东壁底 9.40	东壁底 13.50					
	东壁底 15.00	东壁底 17.50					
	东壁顶 8.75	东壁顶 15.00					
3	东壁底 8.40	东壁底 9.40	χAξρ		霓石钠铁闪石正长伟晶岩		
	东壁底 13.40	东壁底 15.00					
	东壁底 17.50	东壁底 18.80					
	东壁顶 2.45	东壁顶 8.75					
	东壁顶 15.00	东壁顶 17.50					
4	东壁底 18.80	东壁底 25.00	φ	辉石岩矿带	辉石岩		
	东壁顶 17.50	东壁顶 25.00					

8　老硐地质编录

8.1　老硐调查

老硐调查根据地质勘查需要进行。调查包括访问知情人，查阅地方志、碑记、石刻铭文及其他历史资料的收集研究。调查内容：老硐位置，数量及分布，开采深度，开凿年代，施工目的，施工方法，开采情况，有关矿床地质、水文及工程地质方面，停工原因等，访问要做详细文字记录。还应注意观察老硐硐口的废石堆中岩石性质、矿化特征和矿物种类等，必要时也可对废石堆采样进行测试，大致了解矿物成分和含量。

在可能的条件下，根据访问和实地踏勘了解的情况，编绘出老硐分布略图。

8.2　老硐清理

老硐清理是在老硐调查的基础上，根据地质勘查需要，有选择、有重点地进行。

应特别注重安全工作，无论是清理老硐或者进入硐内观察编录时，安全工作尤其重要，应密切注意暗井、坍塌、冒顶等带来的伤害，严防有毒或窒息性气体的危害，防止对人身安全有害的其他事项，如硐内野兽、毒蛇等袭击。

在老硐的每一岔硐口设置出口方向的路标，严禁单人进硐，两人以上入硐必须间隔一定距离，以便互相照应，硐口要有专人留守等。

清理方法：一般情况下，见矿老硐只需素描一壁，清理时，用工具剥去相对保存完整一壁的覆盖物，露出基岩即可。

8.3　老硐地质编录

老硐地质编录应根据老硐实际情况，按照因地制宜的原则进行。编录方法，总的是综合运用绘制剖面、探槽、探井、坑道的编录方法，视实际情况绘成老硐平面图、剖面图、空心掌子面图或某两种互相配合的图件。老硐编录仍用基点、基线进行，基点、基线设置在素描壁。对可能参加资源储量估算的老硐，要进行工程定位。对矿体、含矿层、构造等重要地质体要详细观察记录，要仔细分析主矿体延伸方向，以免将硐壁上残留的零星矿条或次要矿条作为描述对象，对膨大（闹堂）、狭缩和转折部位应详细观察记录。

坑道素描图见图5-26。

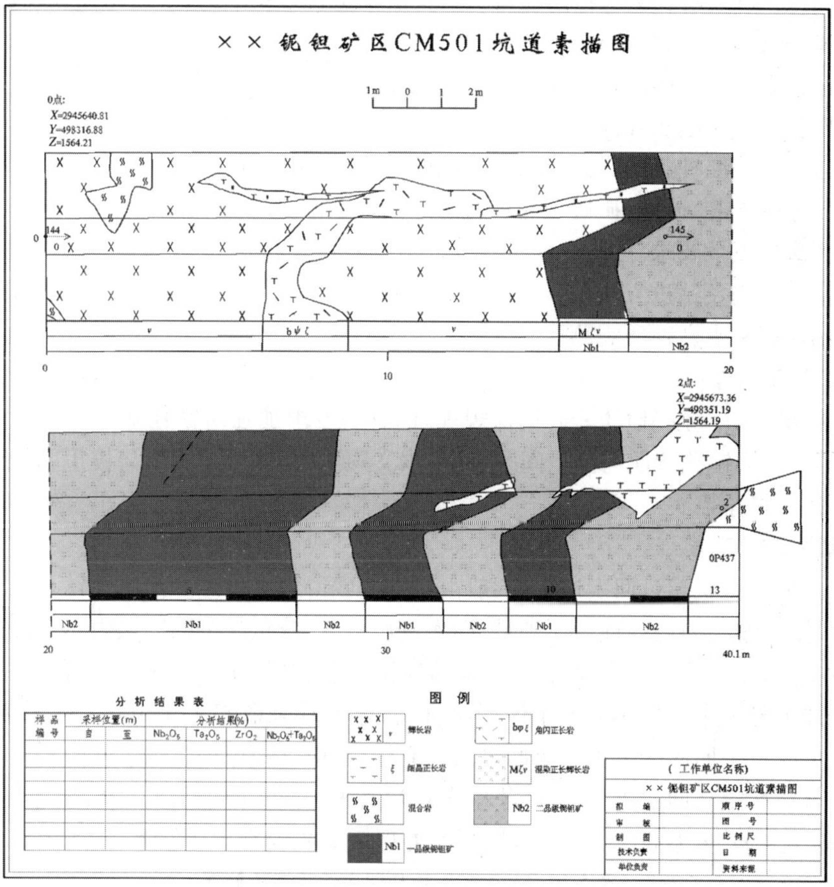

图5-26　坑道素描图

任务3　钻探编录

1　主要工作内容

钻孔编录主要包括：回次进尺，岩（矿）芯采取率，岩性描述，分层孔深，分层厚度，标志面与岩芯轴夹角，钻孔弯曲度和孔深测量；简易水文地质测量、地球物理测井；并按要求采集各种标本和样品;编绘钻孔柱状图和钻孔地质剖面图,以反映不同深度各种地质现象和各类岩石(矿石)的特征及其在钻孔中显示出的厚度。

编录人员必须对钻孔从定孔、安装、钻探施工、岩芯管理、原始记录、封孔、环境保护等钻孔施工的全过程进行质量监控,才能保证钻孔达到地质目的,取全、取准所需要的地质资料。

2 施工质量监控

2.1 施工准备

编录人员应根据设计布置钻孔,编制"钻孔地质技术设计书""钻孔定位和机械安装通知书",下达到机台、安装队执行。检查机台安装质量符合要求后,下达钻孔开孔通知书。

钻孔地质技术设计书主要内容如下:

(1)钻孔编号、设计孔深、钻孔方位(斜孔)、钻孔倾角。

(2)岩矿层分层起止井深。

(3)岩矿层分层柱状图、分层岩石名称、断层、破碎带井深。

(4)各分层岩芯、矿芯、矿层顶底板岩芯等的采取率要求(以矿区设计为准)。

(5)孔深校正及要求。

(6)钻孔结构及钻进方法等。

(7)钻孔简易水文地质观测要求。

2.2 施工质量监控

钻孔编录人员应按《地质岩芯钻探规程》的有关要求加强对钻孔施工质量的监控,特别在岩矿芯采取率、钻孔弯曲与测量间距、简易水文观测、孔深误差测量与校正、原始报表和封孔等方面的质量监控。

2.3 残留岩芯处理

若回次岩芯总长超过回次进尺,一般由机台按残留岩芯处理。但是在钻孔编录时,如发现未处理,则由编录人员处理。原则是,回次进尺不变,修正相关的回次岩芯长度,将回次采取率超过100%的部分岩芯作为上一回次的残留岩芯,推回上一回次。如果上一回次的岩芯长由于加上推上来的岩芯后大于该回次进尺,导致其采取率大于100%时,继续上推,但最多只能上推三个回次。上推三个回次后仍有残留,应寻找原因,再做处理。

如××矿区第9回次进尺4 m,岩芯长4.9 m,第8回次原进尺4.5 m,岩芯长4.2 m,第7回次原进尺4 m,岩芯长2.9 m。残留岩芯处理情况如表5-10及图5-27所示。

表5-10 ××矿区第9回次残留岩芯处理

回次	进尺(m)	岩芯长(m)	原采取率(%)	岩芯(m)	处理后残留(m)	处理后采取率(%)
7	4.0	2.9	73	+0.6	0	88
8	4.5	4.2	93	+0.3	0.6	100
9	4.0	4.9	122.5	-0.9	0	100

如果岩芯破碎为砂状、粉状和不在同一岩性的岩层中钻进而用反循环采芯工具采取的岩芯,一般不准上推。可去除多余破碎岩芯。

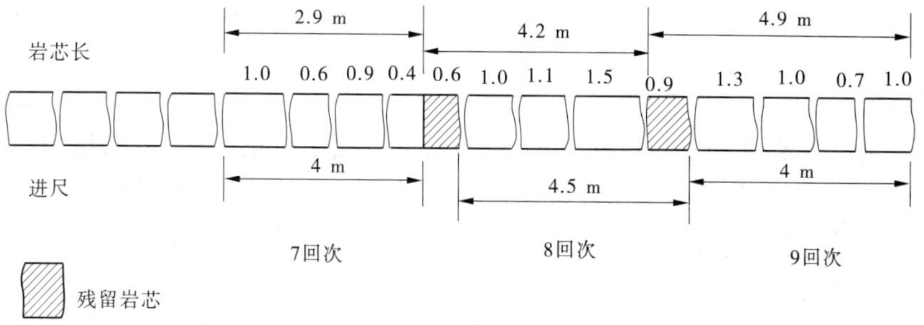

图5-27　残留岩芯处理图

残留岩芯原则上应由钻探施工人员处理,地质编录人员应及时检查其处理质量。如果地质编录时,发现有残留岩芯出现,经确认后由编录人员处理。

2.4　钻孔的终孔

2.4.1　终孔确认

终孔前,编录人员应认真研究地质目的是否达到。特别对控矿钻孔,应仔细研究矿体的底板标志,并确认底板标志层的控制厚度已大于夹石剔除厚度。

2.4.2　终孔批准

施工及记录符合设计要求的钻孔由编录人员提出终孔意见,经矿区技术负责批准后终孔。重要矿体、重要构造等控制孔以及由于各种原因未达地质目的而被迫终止施工的钻孔应报项目主管单位技术负责批准后方可终孔。

2.4.3　终孔及测井

批准终孔后，编录组下达终孔、测井及封孔通知书,根据地质编录的钻孔柱状图,编制封孔设计,交由机台执行。

封孔设计主要内容如下：

(1)凡易溶、易蚀、易流散、易被破坏的工业矿层,以及含水层、含水构造的钻均须在顶、底板上下各5 m范围的隔水层处,用325号以上的普通硅酸盐水泥或抗硫酸水泥封闭。

(2)上述情况之外的其他矿层及孔位低于浸蚀基准面的钻孔,可用325号以上的水泥或其他隔水材料封闭钻孔最上部隔水层与透水层交界处。

(3)矿层不厚或矿层与矿层、矿层与含水层较近时,可以只封上述部位以上的孔段。

(4)需要进行地下水动态观测或对农田灌溉有利,可暂不封孔,但对矿床充水有严重影响的钻孔必须封闭。

(5)孔壁严重坍塌或孔内有遗留物,无法处理时,可以只封上述部位以上的孔段。

(6)封孔质量检查分为提浆检查和钻取封孔凝结物实体两种方式。

(7)在矿产勘查中出现较大的涌水钻孔,地方政府如确实需要利用的,必须通过相关技术论证,确保不致造成今后矿山开采及其他危害,并报请上级主管局批准后,可以不封孔,移交当地政府使用。

(8)封孔后,必须在孔口中心处设立永久性混凝土孔口桩,孔口桩上写明孔号、孔深、施工周期、施工单位,标注孔口中心点。

3 钻孔质量验收

3.1 验收要求

终孔后，应组织地质、水文、测量、探矿施工人员按孔深校正、弯曲度测量、封孔、原始记录、简易水文观测、岩矿芯采取率及环境保护等质量要求进行验收，对某些矿种有特殊要求的，也应列入质量检查范围，如煤瓦斯采样要求、重要煤矿层靶点控制等。

3.2 钻孔质量评级

验收后根据实际情况对钻孔施工质量评出等级。一般评定为优质、合格、不合格（报废）三级。每个钻孔都应有正式的质量验收报告书（一页 A3 纸对折双面印制）。

优质孔：孔深、弯曲度、封孔、班报表、水文观测、采取率及环保等 7 项质量指标均符合要求。

合格孔：孔深、弯曲度、采取率等主要指标符合要求，其他指标基本符合要求。

不合格（报废）孔：孔深、弯曲度、采取率等主要指标未达到要求。

4 地质编录

4.1 地质编录应随施工进度在现场进行

施工编录应在现场及时进行，以便同时监控钻孔施工质量。预计见矿时，应提前通知机台。

4.2 检查钻探班报表、整理检查岩矿芯

编录人员在正式编录前应详细检查机场钻探班报表记录的回次进尺、井深，有关水文观测资料等；根据编录场地大小，将岩芯箱依井深顺序排列；回次标签：回次标签的孔深、进尺、岩芯长度、残留岩芯长度、回次号、回次岩芯编号等数据必须准确无误。

4.3 岩矿芯拍照

对所有完成检查整理的岩芯逐箱全部数码拍照。拍照要求如下：

（1）相机应大致位于岩芯箱中心的垂向上，高度以能刚好照全岩芯为准。照片中应反映出回次编号、分层界限、采样位置等内容。

（2）岩芯在拍照前应清洗干净并保持湿润。

（3）每幅照片在任一角放一卡片，卡片长宽以 10 cm × 5 cm 左右为宜，内写明矿区及钻孔编号、岩芯箱号和起止孔深。如红山矿区 ZK201 号钻孔第 30 箱 130 ~ 150 m 的照片为：HSZk201/30 箱/130 ~ 150 m，见图 5-28。

红山矿区 Zk201 孔
第 30 箱
130 ~ 150 m

图 5-28 岩芯拍照标牌示意图

4.4 地质观察、分层与记录

总体参照任务 4“实测地质剖面”3.3“地质观察、分层与记录”的有关要求进行。有关

要求如下。

4.4.1 每一分层结束都应有分层隔板

每一分层下界都应放入一个分层隔板(标签),如遇分层界线刚好在某一段完整的岩芯中间,应仔细观察、记录接触关系,并拍照(素描),然后用地质锤或切样机自分层处将岩芯分开,以便放入分层隔板,见图5-29。

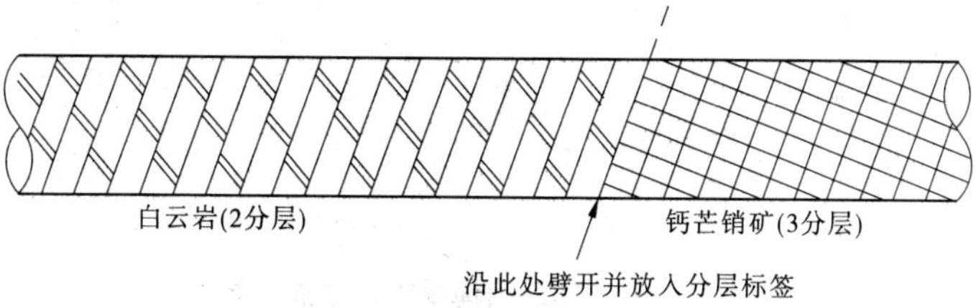

图5-29 完整岩芯分层示意图

4.4.2 分层数据的计算与记录

分层数据包括分层顺序号,分层起、止等岩芯长及回次号,分层采取率(%),分层进尺及换层孔深等。按"钻孔地质记录表"的格式填写。

分层数据应对应于表中左侧的回次位置填写。

如在第2回次中分层,则对应于2回次横格中填写序号,为本分层的顺序编号。

回次岩芯长:为本分层所处回次内属该分层的岩芯长度。

如图5-29中第2分层底界在第7回次的$7\frac{2}{4}$至$7\frac{3}{4}$岩芯之间岩芯长为1.3+1.2=2.5(m)。

在一块岩芯内部分层也如此处理(见图5-30)。

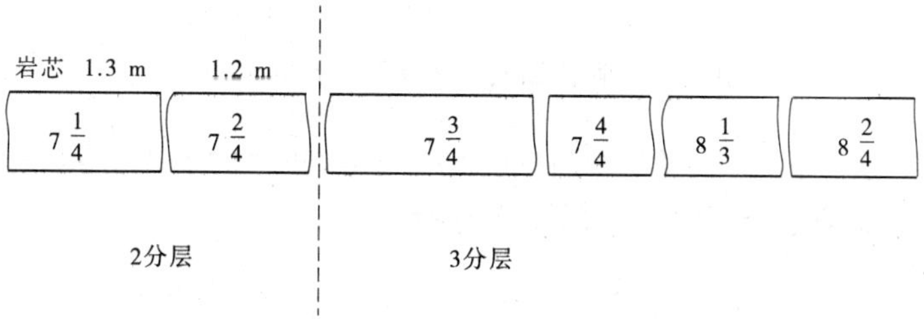

图5-30 回次岩芯计算图

4.4.3 换层孔深计算

从一个分层变换为下一个分层时称为"换层",换层时所处钻孔深度称为换层孔深。根据换层所处位置不同,分为回次内换层、回次之间换层及空回次换层三种情况计算换层孔深。

回次内换层:多数换层都是在某一个回次内进行的。

回次内换层孔深 = 上回次止孔深 + (本回次上层岩芯长 ÷ 本回次采取率)

如图5-31所示,在5回次内换层,上回次(4回次)止孔深20 m,本回次内上层岩芯长为1.4 m(0.3+0.4+0.4+0.3),本回次采取率80%,则1分层的换层孔深为21.75 m。

回次间换层:回次与回次之间换层的情况比较少见。

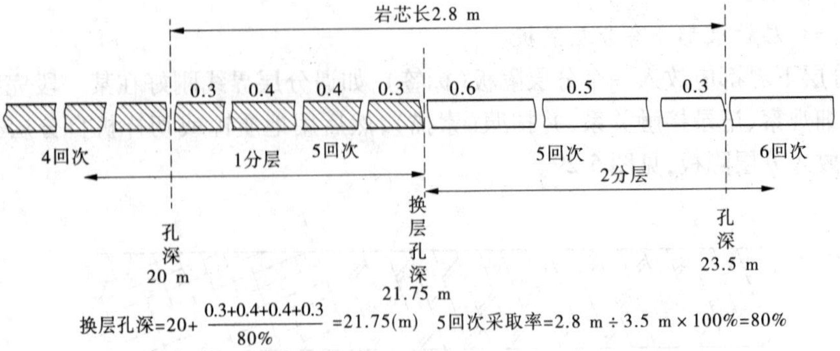

图 5-31 在 5 回次内换层孔深计算示意图

回次间换层孔深 = 上回次止孔深。

如图 5-32 所示，在 5 回次、6 回次之间换层，5 回次无残留岩芯时，换层孔深 = 5 回次终止孔深 = 25 m。5 回次有残留岩芯时，换层孔深 = 5 回次终止孔深 − 5 回次残留岩芯长 = 25 − 0.2 = 24.8(m)。

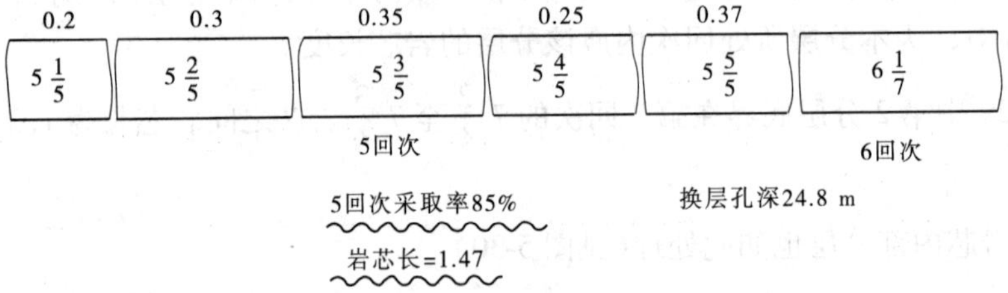

图 5-32 两个回次间换层孔深计算示意图

空回次换层：换层孔深 = 上回次终止孔深 + 空回次进尺的 1/2，也可根据上下层岩石的相对硬度、破碎情况确定合适比例，如图 5-33 所示。

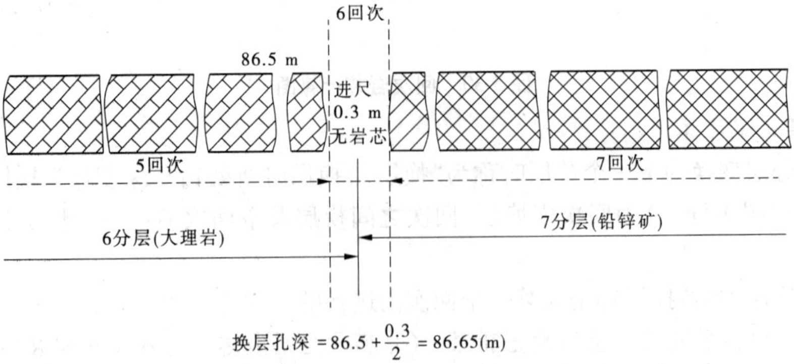

图 5-33 空回次中换层孔深计算示意图

4.4.4　分层厚度及分层采取率计算

在换层孔深计算的基础上，计算分层厚度及分层采取率。

分层厚度计算：

分层厚度 = 本分层下界的换层孔深 − 本分层上界（前一分层的下界）的换层孔深

图5-34中第7分层厚度 = 135.43 − 128 = 7.43(m)。

分层采取率计算：

$$\text{分层采取率} = \text{分层岩芯长} \div \text{分层厚度} \times 100\%$$

$$\text{分层采取率} = \frac{\text{分层岩芯长}}{\text{分层进尺}} \times 100\%$$

图5-34中第7层的采取率 = (6.8 ÷ 7.43) × 100% = 92%

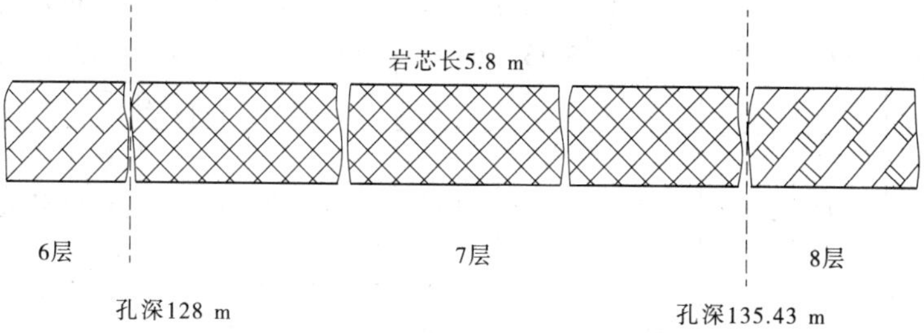

图5-34　分层采取率计算图

分层计算结束后，将有关数据填入钻孔原始地质记录表的有关栏目中，同时将换层孔深填入"岩矿芯分层标签"，见图5-35。

钻孔岩矿芯分层签

矿区名称__________孔号__________

层　号__________层位__________

岩矿石名称__________

起回次________岩芯长______m 孔深________m

止回次________岩芯长______m 孔深________m

编　录________日　期______年____月____日

图5-35　岩矿芯分层标签

4.4.5　地质分层记录格式

推荐地质分层记录与回次数据分开记录、单独成册的格式。主要因为地质记录内容十分重要，且多次使用，是编制钻孔柱状图及资源储量估算图件的依据，为了保持分层记录的完整性及资料利用和保管的方便，地质分层适宜记录在钻孔地质记录表（见表5-11）中，单独编制成册；而钻孔回次数量大，占据记录表格多，基本上仅使用一次，同样适宜记录在钻孔回次记录表（见表5-12）中，单独成册。以××铁矿ZK1313孔地质记录格式的对比情况就可以看出两种记录格式有很大的差别（见表5-13）。

表 5-11 钻孔地质记录格式

项目(矿区)名称： 工程编号： 1 / 25 页

层号	起		止		分层采取率(%)	分层进尺	换层孔深	轴夹角	分层真厚度	地质描述	标本样品
	回次	岩芯长	回次	岩芯长							
1	1	1.8	15	0.82	83	50.38	50.38		61.60	正长辉石混染岩……	b1、H1、H2
2	15	1.2	16	2.30	100	3.15	53.53	60	2.58	灰色中细粒混染岩型星侵状磁铁矿石……	H3
3	16	0.5	17	2.40	90	3.13	56.66	58	2.47	灰黑色细粒橄辉岩型稀疏侵染状磁铁矿石……	T1、H4
4	17	1.2	19	2.60	90	6.43	63.09		5.07	灰色不等粒辉石岩型星侵状磁铁矿石……	H5
5	19	1.1	28	1.80	80	24.80	87.89		19.55	灰色不等粒含铁辉石岩……	H6 ~ H10
6	28	1.4	33	2.20	90	16.00	103.89	56	12.60	灰黑色中细粒橄辉岩型稀 - 中等侵染状磁铁矿石……	T1、G1、H1 ~ H13
7	33	0.8	35	0.25	93	3.15	107.04		3.13	灰色中细粒含橄辉石岩型星侵矿石……	H14
8	35	2.4	36	3.40	93	4.10	111.14		4.07	灰色中细粒辉石岩型星侵矿石……	H15

记录：李 × × 日期：2011/4/1 检查：张 × × 日期：2011/4/5—7/2

表 5-12 钻孔回次记录格式

项目(矿区)名称： 工程编号： 1 / 5 页

回次号	下界记录孔深	岩芯					孔深校正量	下界样正孔深	备注
		块数	长度	上次残留	处理后岩芯	回次采取率(%)			
1	4.11	5	3.28			80			长度单位：m(下同)
2	8.21	6	3.48			78			
3	11.82	4	3.50		3.7	97			
4	15.72	5	4.10	0.2	3.9	100			
5	19.52	6	3.24			90			
					……				

续表 5-12

回次号	下界记录孔深	岩芯					孔深校正量	下界样正孔深	备注
		块数	长度	上次残留	处理后岩芯	回次采取率(%)			
50	182.54	6	3.80			100			
51	186.34	5	3.80			100			
52	190.12	5	3.90			100			
53	194.06	3	3.89			100			
54	197.93	5	2.07			100	200.00	200.80	
55	200.00	4	3.72			97			

记录:李×× 日期:2011/4/1 检查:张×× 日期:2011/4/5—7/2

表 5-13 ××铁矿 ZK1313 孔地质记录格式对比

<table>
<tr><th colspan="2" rowspan="2">记录格式</th><th colspan="3">记录工作量</th><th rowspan="2">页面结构</th><th rowspan="2">使用效果</th><th rowspan="2">说明</th></tr>
<tr><th>回次记录数量</th><th>地质记录数量</th><th>合计</th></tr>
<tr><td rowspan="2">地质分层与回次分别记录,单独成册</td><td>不含回次记录的分层地质记录</td><td></td><td>33 页</td><td rowspan="2">51 页</td><td>基本无空白页面;地质记录连续紧凑</td><td>记录、使用都方便</td><td rowspan="2">推荐使用</td></tr>
<tr><td>单独的回次记录</td><td>18 页</td><td></td><td>无空白页面;回次记录连续</td><td>记录、使用方便</td></tr>
<tr><td colspan="2">包括所有回次数据的分层地质记录</td><td>63 页</td><td>33 页</td><td>96 页</td><td>空白页面达 70% 左右;地质记录显得稀稀拉拉</td><td>记录、使用都不方便</td><td>不推荐使用</td></tr>
</table>

说明:本钻孔孔深 1 618.8 m,共有 884 个回次,记录时每一回次占 A4 纸竖排 1 行表格(数值表格每页 50 行);划分地质分层 92 个,每一地质分层平均约占 A4 纸横排 5 行表格(每页 14 行)。

4.5 钻孔布样

随编录分层后及时布样、计算样品孔深,并在每件样品的起、止位置用采样隔板(分样签)隔开,防止混样。采样隔板的宽度及高度分别与回次隔板一致,上面填写孔号、样号、岩矿石名称,起、止回次的岩芯长度及孔深。样品孔深计算方法同换层孔深。

如××矿区 ZK03 孔 53~57 回次(采取率 90%)内见一层铅锌矿,布样 2 件,顶底板控制样各 1 件,现填写如表 5-14 所示的采样隔板 4 个,分别置于 4 件样的起始处岩芯之间。

表 5-14　××矿区 ZK03 孔 H7 ~ H10 采样隔板填写格式

矿区名称:× ×		孔号:ZK03
样号:H7　岩矿石名称:大理岩		
起回次:53	岩芯长:0.8 m	孔深:214.00 m
止回次:54	岩芯长:1.2 m	孔深:216.25 m
采样人:××日期:××××年×月×日		

矿区名称:× ×		孔号:ZK03
样号:H8　岩矿石名称:铅锌矿		
起回次:54	岩芯长:0.4 m	孔深:216.25 m
止回次:55	岩芯长:1.6 m	孔深:218.50 m
采样人:××日期:××××年×月×日		

矿区名称:× ×		孔号:ZK03
样号:H9　岩矿石名称:铅锌矿		
起回次:55	岩芯长:0.6 m	孔深:218.50 m
止回次:56	岩芯长:1.0 m	孔深:220.21 m
采样人:××日期:××××年×月×日		

矿区名称:× ×		孔号:ZK03
样号:H10　岩矿石名称:大理岩		
起回次:56	岩芯长:0.6 m	孔深:220.21 m
止回次:57	岩芯长:0.7 m	孔深:221.65 m
采样人:×××日期:××××年×月×日		

4.6　编制钻孔综合柱状图

4.6.1　概述

钻孔柱状图是钻孔地质编录的一项最主要的资料成果，是根据在钻孔内进行的各种测试及对钻孔岩、矿芯(或岩屑、岩粉)的观察鉴定、取样分析所获资料而编制成的一种图、表结合形式的原始图件，借以形象地表示出钻孔通过的岩层、矿体及其相互关系，是编制有关综合图件和估算矿产资源储量的主要依据。

4.6.2　编图依据

一是在钻孔内进行的各种测试所获资料及对钻孔岩、矿芯(或岩屑、岩粉)的观察鉴定、取样分析所获资料依据编录的地质资料(岩性、分层、断层、矿化、蚀变、轴夹角等)，钻孔资料(方位、倾角、结构)及鉴定测试成果，在综合整理的基础上绘制钻孔综合地质柱状图；根据地质编录资料及水文地质工程地质资料编制水文地质工程地质柱状图。

4.6.3　柱状图主要内容

主要内容有比例尺、孔位坐标、钻孔方位及倾角、终孔深度、开孔及终孔日期、分层孔深及进尺、分层采取率、岩层或矿体的柱状花纹、分层地质简述(包括岩、矿石描述，接触关系及层面倾角等)，样品编号、位置、样长及分析结果、钻孔的测量倾角、结构及封孔情况等。孔内简易水文地质观测和地球物理测井成果等另编制专门图表。

4.6.4　缩减法绘图

钻孔柱状图的比例尺一般为 1∶100 ~ 1∶500。为缩短绘图长度，凡单层绘图长度大于 5 cm 的厚大无矿化岩层可缩减表示，在缩减处断开，上下各留 2 ~ 3 cm 柱状图。如表 5-15 所示，某矿区 ZK109 钻孔，孔深 1 023.81 m，见 3 层铜矿体，埋深 885.98 ~ 993.54 m，上部无矿化岩层厚达 880 m，若按 1∶200 比例尺实绘，仅无矿岩层柱状图就长达 4.9 m，如果采用缩减法绘图，柱状图长度就大大缩短了(见图 5-36)。

表 5-15　××铜 ZK109 钻孔见矿情况

孔 号	孔深(m)	分层进尺(m)	1:200 绘图长度(cm)		岩性
			缩减前	缩减后	
ZK109	0.00 ~ 885.98	885.98	443	9	石英片岩
	885.98 ~ 887.24	1.26	0.63	0.63	Ⅱ4 铜矿体
	887.24 ~ 905.27	18.03	9	9	石英片岩
	905.27 ~ 913.64	8.37	4.19	4.19	Ⅱ5 - 1 铜矿体
	913.64 ~ 928.96	15.32	7.7	7.7	石英片岩
	928.96 ~ 933.54	4.58	2.29	2.29	Ⅰ3 铜矿体
	933.54 ~ 1 023.81	90.27	45.14	5	石英片岩
合计			511.91	37.81	

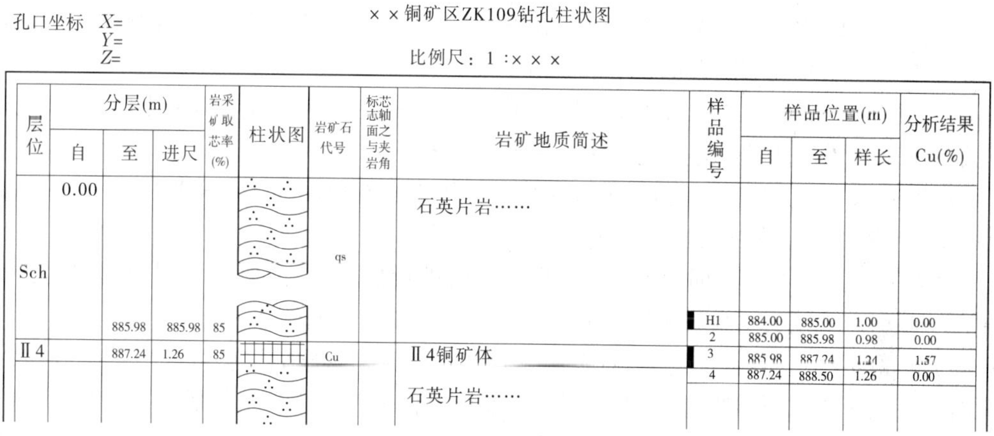

图 5-36　压缩法绘制钻孔柱状图(局部)

4.6.5　钻孔在勘查线剖面图上的投绘

孔斜及孔深较大的钻孔实际空间位置往往会偏离设计的位置，这时需要根据测井提供的测点的孔深、倾角、方位角数据计算出各测点的空间位置后，方能将钻孔投绘到勘查线剖面图或资源量估算图上。

4.6.6　数字化编图

钻孔柱状图是根据地质资料、鉴定测试成果、钻孔资料经综合研究后编制的综合性图表。应利用计算机直接编制数字化图，而不必绘制纸介质手工柱状图。

任务 4　实测地质剖面

1　目的任务

矿区在开展填图工作之前，一般应测制 1 ~ 2 条完整的地质、地层剖面。地质构造复杂或面积较大的矿区还应适当增加。

(1)研究各岩石地层单位的组成、结构、基本层序,研究各生物地层单位的代表性化石、组合特征及标志层,研究特殊成分的岩石单位及含矿层。

(2)确定地球化学异常层,与年代地层(或地质年代)单位的对比,研究各类地层单位之间的相互关系,确定填图单元,确定填图标志,统一岩石命名,为野外调查填图创造必要条件。

(3)教学实训中进行地层实测剖面的训练,能使学生掌握野外工作若干知识、方法和技巧,培养组员之间相互配合、团结协作和吃苦耐劳、勇于创新的职业精神。

2 技术准备

2.1 资料收集整理

收集工作区内前人工作的成果资料,并进行认真研究、分析。主要收集测区内三大岩类方面的资料,矿产资料,褶皱、断裂资料,地形资料,物化探、重砂、航遥解释等资料。统一填图单元、野外岩矿石命名、填图方法和要求、图式图例。

2.2 剖面位置选择

(1)应选择基岩露头连续、完整,产状清楚、构造简单(或清楚),能基本反映填图区内地质体的主要地质特征、具有代表性的路线和区域。

(2)剖面应尽量垂直区内构造带(线)走向。剖面线应基本上垂直地层走向,二者之间的夹角不宜小于60°,尽量选择一条直线,避免拐折太多。

(3)为使基岩露头连续程度良好,应充分利用沟谷自然切面和人工采掘的坑穴、壕堑或铁路、公路旁侧的崖壁等作为剖面通过的位置。

(4)当基岩露头不连续时,应布置一些短剖面进行拼接,但需要注意层位拼接的准确性,防止重复和遗漏层位,最好确定明显的标志层作为拼接剖面的依据。

(5)剖面的某一段因浮土掩盖,且在两侧一定范围内无明显标志层可进行对比,难以用短剖面拼接或平移剖面导线时,应考虑到用探槽等工程予以揭露。尤其是地质界线、接触关系、岩性或产状变化等被掩盖不清时更应如此。

(6)实测剖面的分层精度可根据剖面的比例尺大小确定。通常在剖面上能标定1 mm的单层,均可在实地按相应的比例尺代表的厚度划分出来。另外,在剖面图上小于1 mm但有特殊意义的单层,如标志层、化石层、含矿层、岩脉等可适当放大表示,但应在记录中注明其真实厚度。

(7)剖面起始点位置、观察点、产状点、分层点,应用GPS定位标定在地形图上或航空像片上。

(8)实测剖面的数量应根据研究区内岩相建造的复杂程度、岩性及厚度的变化、地质构造的影响、前人研究程度等因素影响综合考虑。

2.3 野外踏勘

2.3.1 目的任务

按预定的剖面位置,踏勘了解区内地层分布、层序和总体产状,矿体(层)分布及矿化范围,主要岩石类型及填图标志层,侵入岩种类、分布、岩性、岩相,接触关系;确定填图单元,标志层划分及位置,矿化特征及位置,化石层位,重要标本及样品的采集位置,工程揭露地段,地形情况及基岩出露情况,岩石风化、植被、掩盖程度及施工条件等。

2.3.2 标注位置

将发现的矿体的顶、底界线，工程揭露位置，重要标本及样品的采集位置，用手持GPS定位、记录、展绘到手图上。

2.3.3 系统采集标本

踏勘时，尽量采集系统的岩矿石标本及拣块分析样。

2.3.4 覆盖区剖面的平移要求

剖面通过区如遇大片覆盖、天然障碍或因构造破坏造成测制意义不大的地段，则需平移，平移应按一定的标志层或实地顺层追索为准，一般平移距离不大于500 m，否则应另行测制剖面。

2.4 剖面设计

剖面设计包括剖面线位置、总体方向、工作量、完成期限、比例尺及精度，地表揭露和标本及样品的采集位置、编号原则、规格、数量等。实测剖面比例尺应根据剖面的研究目的、精度要求、地质构造的复杂程度而定。如地层剖面，其比例尺常根据地质填图的比例尺而定（见表5-16）。

表5-16 实测剖面比例尺参考表

矿区地质图	实测地层剖面图	勘查线剖面图
1:10 000	1:2 000～1:5 000	1:5 000～1:10 000
1:5 000	1:1 000～1:2 000	1:2 000～1:5 000
1:2 000	1:500～1:1 000	1:1 000～1:2 000
1:1 000	1:200～1:500	1:500～1:1 000

3 实测地质剖面

3.1 人员分工

前后测手各1人，负责测导线方位、导线长度、坡角。后测手为0端，前后测手量测导线方位、坡角求出平均值，当二者误差超过3°时，要重新量测。

观察描述分层人员2人。负责记录各种原始数据、层号的编排和地质现象描述，并将层号和岩性报给记录员。做信手剖面图、地质素描、照相等工作。此项工作比较繁杂，需要知识全面、认真吃苦的同学来完成。

量产状打标本人员2人。量测各种地质要素的产状，按要求系统采集各种标本。

记录员2人。填写好“实测地质剖面记录表”。

绘制草图人员2人。现场绘制平面、剖面草图。

在实训过程中，各组之间工作要经常调换，以便掌握剖面测制的全过程。人员按分工共10人，是按教学实训进行的，主要考虑到学生之间的相互配合讨论、检查。在实际生产中，实测剖面的人员要身兼多职，人员要少许多。

3.2 基线布置

自剖面的起点实地标注剖面起点编号(0)，后测手持测绳的端点站于起点处，前测手持测绳向剖面前进方向推进，在地形明显变化处、转弯处或与起点有一定距离处设置基线点1

并实地标注。前测手丈量该基线斜长，前、后测手分别用罗盘测量基线方位（3°误差内取平均值）和坡度（3°误差内取平均值，坡度角记录时，上坡为正、下坡为负），并将上述测量数据记录于基点基线记录表中。以此类推，测制其余基线的斜长、方向、坡度。

3.3 地质观察、分层与记录

地质观察要观察岩石的矿物组分、结构、构造及其变化，确定岩石名称；观察岩石的蚀变类型、蚀变矿物及含量、蚀变程度、蚀变分带等及与矿化的关系；观察矿（化）体厚度、矿石自然类型及工业品级（目测含量）等；观察断裂、裂隙分布位置、断层破碎带特征及宽度、断层性质、切割矿体程度等。详细划分不同的岩性层，掌握蚀变或矿化（体）赋存位置、成矿有利因素、矿体破坏情况等。地质观察点记录表如表5-17所示。

表5-17 地质观察点记录表

/ 页

1. 矿区名称：________________ 2. 点 号：________________

3. 位 置：________________

4. 观察点性质：________________

5. 路线地质：________________

6. 地质描述：________________

7. 接触关系及产状：________________

8. 矿化现象：________________

9. 标本及拍照登记：________________

10. 地貌及水文地质：________________

素描图、照片：

记录人： 日期： 年 月 日

分层单元视地质（矿）体复杂程度而定，一般应小于或等于矿区填图单元。矿体分层厚度及夹石剔除厚度，以设计或该矿种勘查规范推荐的工业指标为准，凡图面上 >1 mm 的矿（化）体层、矿石类型和工业品级都应分层，图面上 <1 mm 的矿体也应放大表示；不同岩石类型及地质（构造）的分层可以较矿（化）体层适当放宽。

可以使用防水签字笔做原始记录。如果使用铅笔（2H）记录，则数字要求全部上墨。记录项目、格式、描写内容和顺序、计量单位符合有关标准的要求。记录要层次分明、重点突出、语言精练、概念清楚、字迹清晰。分层数据记录准确，各层之间接触关系应叙述清楚。编录要求现场记录所见地质现象，严禁事后补记（录）。记录时，还应将实际观测资料与推断解释资料加以区分。按分层原则及确定的绘图比例尺，凡在图上宽度大于 1 mm、长度大于 3 mm 的地质体或地质现象，均应记录并在图上表示；如遇特殊地质现象，应附大比例尺素描图（或拍照）。

记录员要认真填写实测地质剖面记录表（见表5-18），对导线数据分层、岩性、产状有异议的，必须要求其返工。

表5-18　实测地质剖面记录表

起点 GPS 坐标：X：　Y：　Z：　；精测坐标：X：　Y：　Z：　；　／页

导线					累计		产状			基线与走向间夹角 γ(°)	真厚度 D(m)	分层		地质描述	样品	备注
导线号	方位角(°)	斜距 L(m)	坡度角 β(°)	平距(m)	高差(m)	平距(m)	高差 $\pm h$(m)	倾向/倾角 α(°)	位置(m)			代号	厚度(m)		编号/位置(m)	
1	2	3	4	5	6	7	8	9	10	11	12	13	14	15	16	17
0-1	345	27	+25													
		0～22										1		辉绿岩墙	Ch-①-B1/15	
		22～27						330/40	24			2		灰绿色薄层粉砂岩	Ch-②-B2/25	
1-2	355	43	+35													
		0～25						325/45	20			3		紫红色含砾中—厚层石英砂岩	Ch-③-B3/20	
		25～43						320/42	31			4		浅灰色厚层白云质灰岩	Ch-④-B4/31	

测手：　记录人：　计算人：　检查人：　组长：　年　月

3.4　量测产状、标本及样品

（1）量测产状要选择出露良好的岩层面，野外一定要区分出节理面、风化面、冲刷面、不整合面。量产状时要观察宏观上的岩层产状及接触关系，观察岩层所处的构造位置，最好两人量测后求平均值，但二者的误差不能超过3°。超过误差时要重新量测。

（2）按要求整理样品、标本，包括编号、登记、包装等。确认无丢失、无遗漏后，填写岩矿与测试样品送样单，及时送样。取样标本填入表5-19。

表 5-19 标本记录表

项目(矿区)名称:

标本编号	取样位置	地质位置	野外定名	实验室编号	鉴定名称	鉴定人	备注

要按要求系统采集各种标本、样品。每一层都应有一定数量的标本,每一个标本都要有具体的层位,并以到线上的数字控制采样位置。尽可能采集完好的标本并使其规格化(3 cm×6 cm×9 cm),采样、编号、写标签、包装有序进行。样品编号要求准确、系统编号、不准重复,一般有剖面代号、层号、样品类型、序号、班组代号。例如:ⅢJ-②-B_1中Ⅲ代表第三小组,J代表夹山剖面,②代表第二层,B_1代表薄片标本第一块。

3.5 作图步骤

推荐平面优先法作图,步骤如下:

(1)确定绘图方向。作图时,剖面图的西、北西、南西、北端置于图纸的左边,图面的水平方向作为剖面的总体方向。

(2)绘制基线平面图。作图员根据基线的斜长和坡度,计算出基线的平距,并根据各基线的方向及平距,以剖面总方向为基准,按作图比例尺逐一绘出各基线及基点的平面位置。

(3)绘制路线平面地质图。在基线平面图上,将基线通过及附近的分层地质界线、产状、样品、标本位置及其他编录要素展绘到基线平面图上即成实测的路线平面地质图。

(4)绘制剖面地形线。在基线平面图的上方,自0点开始,将平面图中的基点向上垂直投影到各基线的坡度线上的交点即为剖面图上的基点位置。根据地形地貌特征,逐段勾绘出地形线并标注基线方向。

(5)绘制地质剖面图。将路线地质图中需要在剖面图中表示的各地质要素垂直投影到地形剖面图上,并根据各基线方向与剖面总方向的夹角计算出地质界线的视倾角后绘出地质界线在剖面中的位置。其他要素如居民点、水系、地形制高点、重要地物及探矿工程等视情况进行投绘,即成地质剖面示意图(见图5-37)。实测剖面成图后纸质版样式见图5-38。

4 编制综合地质柱状图

实测地质剖面工作全部完成后,对测制的若干剖面进行对比和综合分析,在此基础上,编制综合地质柱状图。主要内容应反映区域内地质发展历史、地质条件和地层特征等,一般表示的内容有:地层单位及其名称在地层表中的位置和符号、最大与最小厚度、地层单位的相互关系、地层单位中所含最重要生物化石名称、岩性成分,标出标志层、矿层以及有利成矿的岩层等;岩浆岩、火山岩及其与沉积岩层的相互关系等。柱状图样式参考图5-39。

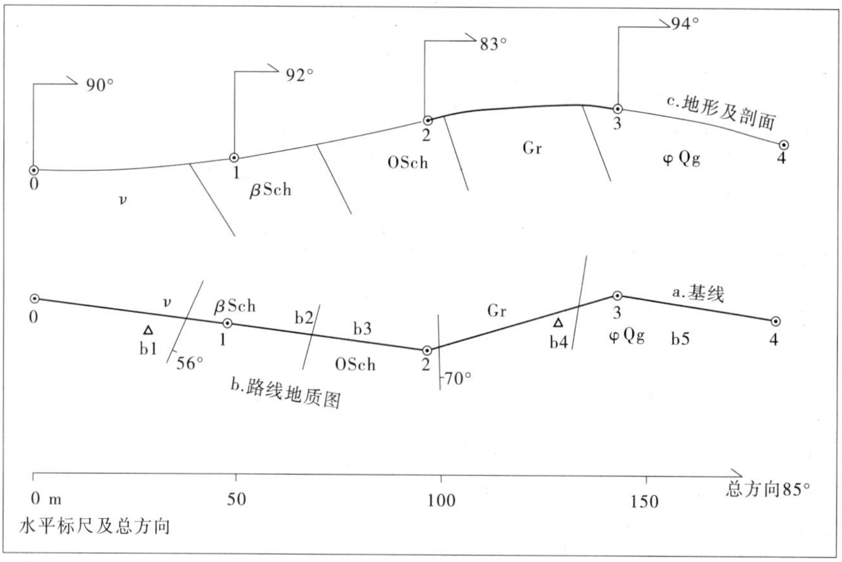

图 5-37 地质剖面示意图

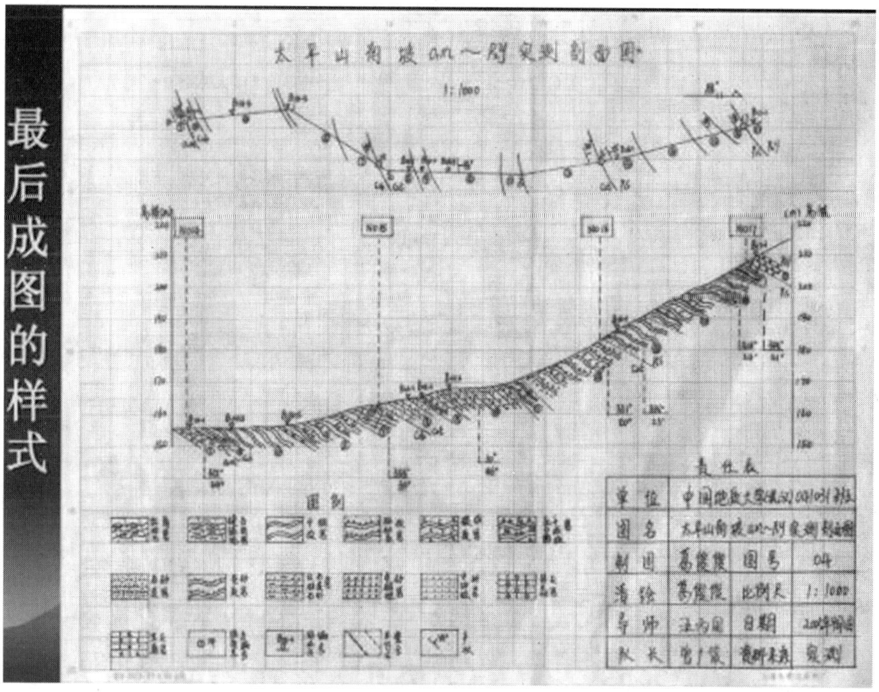

图 5-38 实测剖面成图后纸质版样式

5 实测剖面小结

实测剖面工作结束后,应编写剖面小结,内容如下。

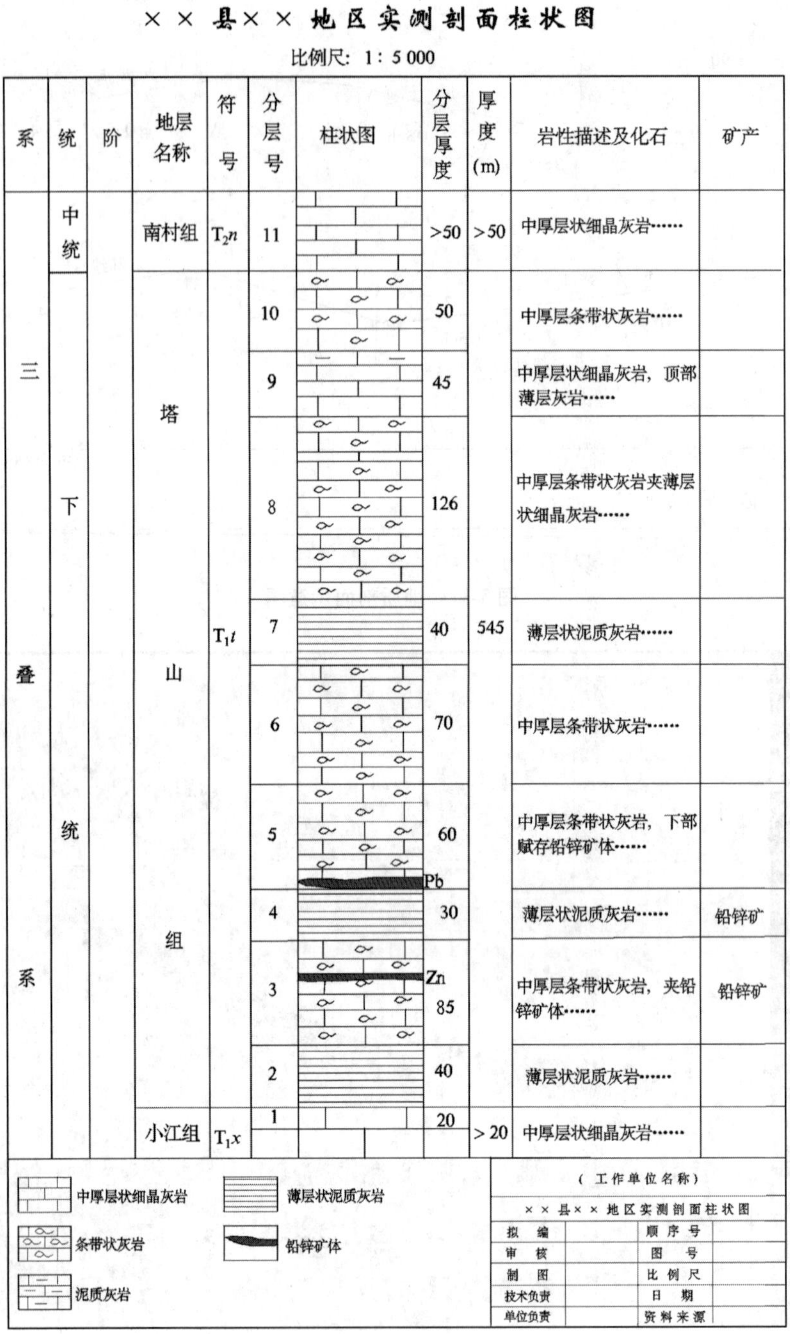

图 5-39　柱状图样式

5.1　前言

目的；剖面线位置、方向、坐标、测量方法；工作起止时间、工作单位、主要工作人员；完成主要工作量：剖面长度、工程工作量、标本及样品数量、剖面施测过程中的质量检查情况等。

5.2　地质成果

(1)地质背景:综述测区与成矿作用有关地层、岩浆岩、构造及矿产特征。

(2)地层:依地层年代由老至新对剖面进行分层叙述。每一时代中地层可按地层组合单位叙述其组合特征,再按不同岩性分层或填图单元详述岩性特征、接触关系,特别是不整合接触或断层接触关系及标志层特征和分层的识别标志。

(3)岩浆岩:岩浆岩形态、产状、岩性(岩相)组合、穿插关系、接触蚀变类型及矿化情况。

(4)构造:包括断裂及褶皱,分别描述其类型、性质、规模、形态、产状、对地层或矿层破坏,以及控矿特征等。

(5)矿产:含矿层、矿体及矿化线索应做详细叙述。

(6)标志层特点及填图单元初步划分意见。

(7)新发现、新进展及新认识。

5.3　存在问题及建议

编写剖面小结时,不同矿区可根据实际情况,对剖面小结的内容做适当调整。

附表1　钻孔质量验收报告

钻孔质量验收报告

矿区______________

钻孔______________

单　　　位____

矿区技术负责____________　　矿区行政负责__________

地 质 组 长____________　　探 矿 组 长__________

水文地质组长________________机　　　长____________

地　　质　　员____

水文地质员____________________________________

年　　月　　日

注:该表用A3纸双面打印,第一面印1、4页,另一面印2、3页,对折使用。

<table>
<tr><td>孔口坐标</td><td colspan="8">X =　　　Y =　　　Z =</td><td rowspan="2">施工日期</td><td rowspan="2"></td></tr>
<tr><td>开孔日期</td><td colspan="2">年　月　日</td><td colspan="3">终孔日期</td><td colspan="3">年　月　日</td></tr>
<tr><td>设计深度</td><td>m</td><td>设计方位角</td><td colspan="3"></td><td>钻机类型</td><td colspan="2"></td><td rowspan="2">施工结果</td><td rowspan="2"></td></tr>
<tr><td>终孔深度</td><td>m</td><td>设计倾角</td><td colspan="3"></td><td>机　号</td><td colspan="2"></td></tr>
<tr><td rowspan="3">钻孔结构</td><td>孔径(mm)</td><td></td><td colspan="3"></td><td colspan="2"></td><td colspan="2"></td><td></td></tr>
<tr><td>孔深(m)</td><td></td><td colspan="3"></td><td colspan="2"></td><td colspan="2"></td><td></td></tr>
<tr><td>套管长度(m)</td><td></td><td colspan="3"></td><td colspan="2"></td><td colspan="2"></td><td></td></tr>
<tr><td rowspan="5">孔深校正</td><td>次数</td><td>1</td><td>2</td><td>3</td><td>4</td><td>5</td><td>6</td><td>7</td><td>8</td><td>质量评定</td></tr>
<tr><td>记录孔深(m)</td><td></td><td></td><td></td><td></td><td></td><td></td><td></td><td></td><td rowspan="4"></td></tr>
<tr><td>丈量孔深(m)</td><td></td><td></td><td></td><td></td><td></td><td></td><td></td><td></td></tr>
<tr><td>误差(m)</td><td></td><td></td><td></td><td></td><td></td><td></td><td></td><td></td></tr>
<tr><td>应测次数</td><td></td><td colspan="2">实测次数</td><td></td><td colspan="2">超差次数</td><td colspan="2"></td></tr>
<tr><td rowspan="5">弯曲度测量</td><td>次数</td><td>1</td><td>2</td><td>3</td><td>4</td><td>5</td><td>6</td><td>7</td><td>8</td><td>质量评定</td></tr>
<tr><td>测量孔深</td><td></td><td></td><td></td><td></td><td></td><td></td><td></td><td></td><td rowspan="4"></td></tr>
<tr><td>测量天顶角与实测方位角</td><td></td><td></td><td></td><td></td><td></td><td></td><td></td><td></td></tr>
<tr><td>误差</td><td></td><td></td><td></td><td></td><td></td><td></td><td></td><td></td></tr>
<tr><td>应测次数</td><td></td><td colspan="2">实测次数</td><td></td><td colspan="2">超差次数</td><td colspan="2"></td></tr>
<tr><td rowspan="2">封孔</td><td>应封闭位置</td><td>封孔位置</td><td colspan="2">木塞位置、长度</td><td>材料用量</td><td colspan="2">封孔方法</td><td colspan="2">树桩情况</td><td>质量评定</td></tr>
<tr><td></td><td></td><td colspan="2"></td><td></td><td colspan="2"></td><td colspan="2"></td><td></td></tr>
<tr><td rowspan="3">原始记录</td><td>班报表</td><td>应记次数</td><td></td><td colspan="2">实记合格次数</td><td></td><td>合格率(%)</td><td colspan="2"></td><td>质量评定</td></tr>
<tr><td>岩芯签</td><td>应填次数</td><td></td><td colspan="2">实填合格次数</td><td></td><td>合格率(%)</td><td colspan="2"></td><td></td></tr>
<tr><td>其他</td><td colspan="8"></td><td></td></tr>
<tr><td rowspan="3">简易水文观测</td><td>孔内水柱</td><td>应测次数</td><td></td><td colspan="2">实测次数</td><td></td><td>合格率(%)</td><td colspan="2"></td><td>质量评定</td></tr>
<tr><td>冲洗液消耗量</td><td>应测次数</td><td></td><td colspan="2">实测次数</td><td></td><td>合格率(%)</td><td colspan="2"></td><td rowspan="2"></td></tr>
<tr><td>其他</td><td></td><td></td><td colspan="2"></td><td></td><td></td><td colspan="2"></td></tr>
<tr><td>孔内遗留</td><td colspan="10"></td></tr>
</table>

岩矿芯采取率	岩矿层名称		起止井深	工程厚度（m）	岩芯长度（m）	采取率（%）		矿层总厚度（m）
						要求	实际	
	岩层							
								矿芯总长度（m）
								矿层平均采取率（%）
								采取率达到要求的矿层厚度（m）
								采取率达到要求的矿层厚度占矿层总厚（%）
								采取率达到要求的矿层个数（个）
								采取率达到要求的矿层个数占矿层总数的（%）
								质量评定
	其他							

	地 质 组	探 矿 组
分队或矿区验收意见		
项目主管单位审定意见		
备注		

附表 2　钻孔地质记录表

钻孔地质记录表

项目(矿区)名称：　　　　工程编号：　　　　/　　页

层号	起		止		分层采取率(%)	分层进尺	换层孔深	轴夹角	分层真厚度	岩矿石名称	标本样品	地质描述	备注
	回次号	岩芯长	回次号	岩芯长									

注:长度单位:m,角度单位:(°)。

记录人：　　　　日期：　　　　检查人：　　　　日期：

附表3　钻孔回次记录表

钻孔回次记录表

项目(矿区)名称　　　　　　　　　　　　工程编号　　　　/　　页

回次编号	下界记录孔深	岩芯					孔深校正量	下界校正孔深	备注
		块数	长度	上次残留	处理后岩芯长	回次采取率(%)			

注:长度单位:m。

记录人　　　　日期　　　　　　检查人　　　　　　　　日期

项目 6　地质认识实习报告编写

地质认识实习报告编写，首先需要对野外地质调查成果进行整理。包括审阅野外记录本，统计分析各种数据，整理各种标本、样品等。对获得的各种地质信息综合归纳分析，为地质认识实习报告的编写提供资料。其次要完成地质报告所附图件的清绘工作，如地层实测剖面、综合地层柱状图、地质图等。同时，还应完成地质素描图、信手剖面图、图片等报告插图的选择和整理工作，力求使地质报告图文并茂。

任务 1　报告内容

1　绪言

认识实习区地理位置、行政区划，自然经济地理概况，实习区的工农业生产、经济和交通情况，实习区以往地质研究的历史及研究程度评述，实习的目的、任务和内容，起止时间、分组情况及指导教师，完成的工作量（地质观察路线、实测剖面长度、标本和样品数量等）及主要工作成果。

绪言部分要简明扼要，不要描写风景和自然经济地理报告，要写与本次工作有关的内容，帮助阅读报告的人了解工作区的前提，测区的一般情况及工作情况，文字要简练，层次要分明。应附"实习区交通位置图"。

2　地层

地层是区域地质研究的基础。首先应该概述实习区的地层发育情况，如地层时代、主要岩性特征、古生物化石等；然后以"组"为单位由老至新对其分布、出露情况，岩性及其岩石组合，岩相及厚度变化情况，所含化石的种属，时代划分及其依据，地层接触关系等进行描述和总结。若有含矿层位，则应详细说明。要充分利用实测地层剖面图、地质图及不同区段的信手剖面图等资料。

这一部分内容主要根据实测剖面及实测填图时的野外记录，不能单纯描述实测剖面的地层特征，不能代表整个区域地层特征。在写这一部分时，要综合全区进行叙述，在叙述某一地段的岩性变化特征时，可引用实测剖面的资料或引用路线地质剖面图的资料。

3　侵入岩、变质岩

实习区岩浆活动概况、主要侵入体的岩石类型、活动期次和各岩体的关系。实习区变质岩的主要类型、结构、构造特征和矿物组合特征。

4 构造

首先要概述实习区构造的总体面貌、大地构造位置、主要构造类型、褶皱断裂发育情况、区域构造线的展布、构造形成时代等。对主要构造特点的描述可按构造类型，如褶皱构造、断裂构造分类描述；也可按构造区段，如东部地区断裂构造为主、西部地区褶皱构造为主分区描述；还可按构造期次或序列对早期构造、主期构造和晚期构造分别描述其特点。

对于褶皱的描述要根据所收集的资料，先描述褶皱构造的位置、范围、规模，然后描述组成褶皱的地层：褶皱核部、褶皱翼部的地层时代、岩性、层序等；褶皱的形态，如褶皱轴的方向，褶皱轴面、枢纽的产状，将褶皱进行形态分类；讨论褶皱形成时期、形成机制等。

对于断裂构造的描述，要着眼于大型区域性的断层，对于这些断层构造要逐一加以详细描述。如断层发育的位置、规模；一般用断层所经过的两个或几个地名来命名断层；断层面的走向、倾向和倾角；断层两盘的地层时代、岩性以及构造变动。断层带的构造现象，如构造岩、片理化、断层泥、透镜体、拖褶皱、伴生节理、地层的牵引现象；断层面的形态变化，断层面上的擦痕及其产状；推断断层形成及发展演化的历史，断层产生的力学机制等。

构造分析，要将褶皱、断裂作为一个统一的整体，根据不同时期分析构造的变形特征，推断地壳活动的规律性。更重要的是论述构造与矿产、工程地质、水文地质及地震地质的关系。

构造形态特征和空间关系可以用图件予以明确和直观的表述，因此要尽量用各种图件帮助描述。

5 矿产

一般从主要矿产开始分别概述各类矿产的位置、矿床类型、矿石特点、矿体产状、规模、找矿标志、矿床成因、找矿远景等。

6 工程地质问题

在综合分析以上资料的基础上，结合地区实际情况和已有的知识，分析本地区可能存在的工程地质问题、出现的原因及其与地层岩性、构造的关系，提出相应的防治措施。

7 地质发展简史

在综合分析实习区地层、岩石和构造等各方面资料的基础上，将各种地质事件联系起来划分地质构造演化序列，由老到新对不同阶段的地质构造特征进行概要总结，并简要阐明各阶段形成时的环境和大地构造性质，恢复实习区的地质发展历史。本部分的内容具有推测的性质，但是这种推测需要有充分的事实依据。

本部分的叙述要从古到今按照地质时代连续陈述，如先从古生代讲起，然后中生代、新生代，但是要注意：①不要与②“地层”重复，变成单纯的岩性描述，而是要说明其中所反映出的当时古地理、古气候、古生物、地层特征、岩浆活动、构造运动等生动画面；②文句要灵活变换，简明扼要，避免死板枯燥，不要像记账一样；③对发展史的陈述要有根据，不能无根据地想象，明确有据的内容可以充分地陈述，无据可考的不能硬猜。

8 总结

对整个实习过程进行总结和评价,包括主要成绩、新的认识、新的发现,以及本人在思想上、业务上的收获和体会。简述实习中存在的问题和不足,并对今后教学实习工作提出建议,最后可对有关方面表示诚挚的谢意等。结语要实事求是,对工作要正确评价、认真负责。地质工作的质量反映在全部工作成果中,不在于结语写得冠冕堂皇,也不要过于谦虚,埋没成绩。对于存在的问题和今后工作的建议要准确中肯。

任务2 报告格式要求

(1)报告全部要采用 Word 来书写,文件名统一为"2018 级_专业_姓名. doc"。

(2)报告一律要使用 A4 纸竖向排版,打印成文。

(3)页面设置:页边距上 2.54 cm、下 2.54 cm、左 3.17 cm、右 2.54 cm,封面不需页码,其余内容需页码。

(4)字符间距设置为"标准"。

(5)段落设置为"1.5 倍行距或单倍间距"。

(6)字号设置为:

①大标题:宋体 2 号加粗,居中。

②正文一级标题:宋体 3 号加粗,居左。

③正文二级标题:宋体 4 号加粗,居左。

④其余汉字均为宋体小 4 号,首行缩进 2 个字符。

⑤表格用 5 号字。

⑥正文中所有非汉字均为 Times New Roman 字体。

(7)页眉 1.5 cm,页脚 1.75 cm。页眉从正文首页开始到报告最后页,单数页眉写学院名称,双数页眉写报告名称,打印字号为 5 号宋体,居中。

(8)参考文献用 5 号字。将论文在写作中参考或引证的主要文献资料列于论文的末尾。参考文献应另起一页。如:

[1] 岩土工程勘察规范:GB 50021—2010.

[2] 作者. 名称. 版数. 地点:出版社,年.

(9)装订方法是:装订线位置为两枚书钉左侧 0.5 cm 处上下 1/4 处装订。

(10)字数要求 5 000 ~ 10 000 字。

任务3　封面样式

辽宁地质工程职业学院

地质认识实习报告

辽宁 兴城

指导教师：____（小3号黑体）____
专　　业：____（小3号黑体）____
班　　级：____（小3号黑体）____
姓　　名：____（小3号黑体）____

二〇一八年九月

项目 7　兴城地区实训地质路线

任务 1　台里晚太古宙和中生代深成岩以及韧性剪切带观察路线

1　观察主要地质内容

(1)晚太古宙深成侵入岩(绥中花岗岩 ArSγ)的野外地质特征。

(2)依据变质变形、穿切关系、岩石特征等标志,进行深成侵入岩侵位顺次的观察与分析。

(3)识别各种糜棱岩。

(4)识别各种脉岩与构造变形的关系。

2　观察目的与要求

(1)掌握花岗质变质深成岩与正常侵入岩的区别和联系。

(2)了解早前寒武纪古老结晶基底的岩石组合、变质变形特征。

(3)掌握未变形的脉岩种类及其侵位次序。

(4)了解深成岩的韧性变形组构特征并判断变形作用的性质。

(5)了解海岸带地质作用特点。

3　观察提示

3.1　引言

辽西兴城台里地区出露的变质深成岩系一直以来被认为是建平(岩)群大营子(岩)组(ArJd)前寒武纪地层,主体岩性为黑云斜长片麻岩、斜长角闪岩和磁铁石英岩等(辽宁地矿局区调队二分队,1981 ~ 1983)。20 世纪 80 年代中期以来多数地质学家已经认识到太古代变质岩石并非如此简单。除少量岩石属于火山—沉积岩残留体外,大部分岩石为古老的侵入岩石,并经受了多期强烈变质变形作用的改造。林宝钦等将建平群解体为建平杂岩(高级区)和花岗绿岩带。建平杂岩是以原"小塔子沟组"为主体的岩石,由大量古老侵入岩体和少量绿岩残根(早期绿岩带)组成;花岗绿岩带(晚期绿岩带)由原"小塔子沟组"顶部岩石和"大营子组"组成。20 世纪 90 年代后期,区内开展的 1∶5万区调填图研究,将前寒武纪基底岩石解体为:表壳岩、片麻杂岩、斜长片麻岩、二长片麻杂岩、花岗伟晶岩。近年来,随着前寒武纪研究的深入,逐渐解体出新的岩石单元。如果能够详细划分出结晶岩系的岩石组成、构造变形、时间演化序列,将对深入诠释辽西地壳演化具有重要意义。

3.2　研究结果

2004年起,我们对辽西兴城地区出露的所谓的前寒武纪变质结晶基底岩系进行了野外大比例尺岩性－构造调查和测量(见图7-1)。发现该区变质岩系中各种岩性之间关系复杂,经历过多期构造变形,以及多次不同程度的变质作用、岩浆作用的改造。研究表明,辽西兴城建平群大营子组并不是原来意义上的前寒武纪变质结晶基底岩系,其中既包含前寒武纪变质岩系,又有中生代花岗岩类,其侵位关系清晰,构造关系明确,实质上反映了从前寒武纪－中生代多期岩浆—变形－变质漫长的演化历史。

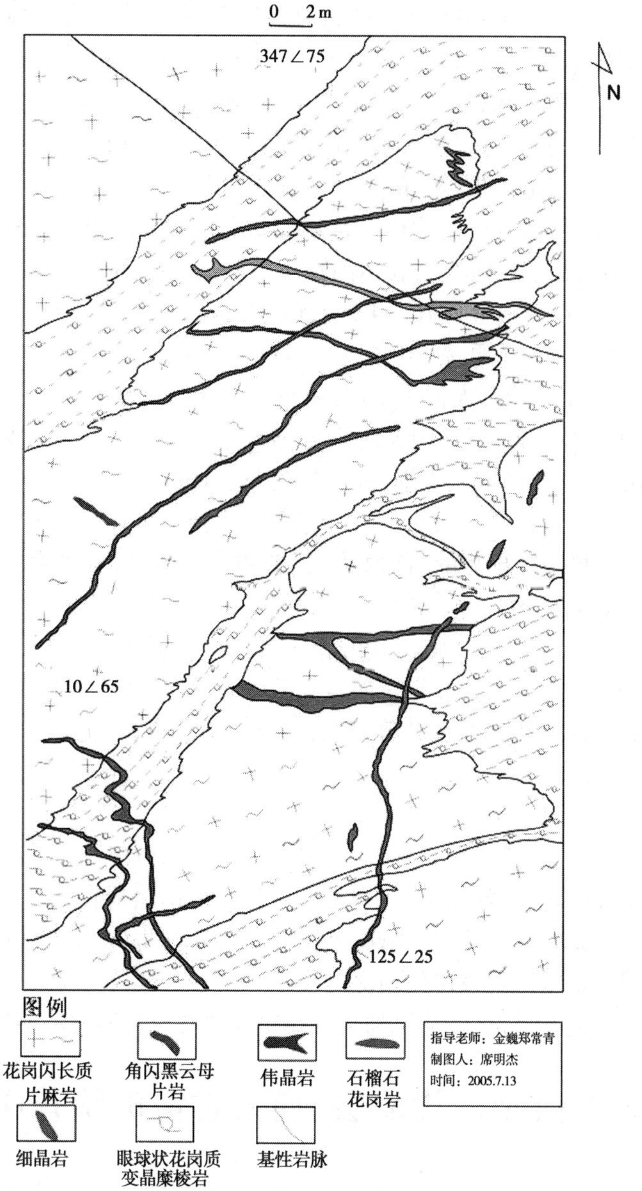

图7-1　辽宁兴城台里地区变质岩系构造岩性图

通过野外和室内岩学、锆石U－Pb测年等研究工作,获得岩石形成次序为:①花岗闪长质片麻岩(英云闪长岩);②花岗质伟晶岩;③眼球状花岗质变晶糜棱岩;④花岗细晶岩;

⑤含石榴石花岗细晶岩；⑥黑云母二长花岗岩。其中，黑云母二长花岗岩原来认为是前寒武纪的淡色块状花岗岩，但野外产状显示其最晚侵位，基本没有遭受后期变形改造。岩石构造变形次序：兴城地区至少发育两次透入性韧性变形、多次脆性变形。早期透入性韧性变形，载体岩石为花岗闪长质片麻岩（英云闪长岩），面理产状 350°∠65°，变质程度在角闪岩相－麻粒岩相；之后为第一次脆性变形，载体岩石为呈脉状产出于花岗闪长质片麻岩（英云闪长岩）中的花岗伟晶岩，明显被眼球状花岗质变晶糜棱岩侵入；接下来为第二期透入性韧性变形，糜棱叶理产状 335°∠75°，载体岩石为眼球状花岗质变晶糜棱岩，这次韧性变形强度大、发育不均匀，对第一次透入性韧性变形改造较彻底，表现为第一次面理强烈平行化或协调化，总体为变晶糜棱岩石或片麻岩，变质程度为高绿片岩相－角闪岩相；之后为第二次脆性变形，切割了花岗闪长质片麻岩（英云闪长岩）、花岗质伟晶岩、眼球状花岗质变晶糜棱岩，沿此次脆性变形同侵入脉岩为未变形的花岗细晶岩脉，产状 125°∠25°；第三次脆性变形切穿上述四种岩石，而且沿脆性带侵入的是含石榴石花岗细晶岩。

岩石年代学测试：对研究区内的代表性岩石进行了 LA－ICP－MS 法锆石 U—Pb 同位素年代学的研究。样品及其年龄为：花岗闪长质片麻岩（B0518－1）（2 510±7）Ma，眼球状花岗质变晶糜棱岩（B0518－3）（216.44±0.5）Ma，花岗质细晶岩（B0517－4）（216.94±6.2）Ma，黑云母二长花岗岩（原绥中花岗岩）（B0517－1）（153.7±4.7）Ma。结果表明，花岗质片麻岩岩浆侵入发生在新太古代末期，而眼球状花岗质变晶糜棱岩和花岗细晶岩岩浆侵入活动则发生在三叠纪末期，是印支期运动的产物。在台里南部出露的黑云母二长花岗岩（狭义的绥中花岗岩）是侏罗纪末期一次岩浆活动形成的产物。

3.3　结果讨论

（1）辽西兴城台里地区出露的“前寒武纪”变质结晶岩系，分别由不同时代侵入岩组成的杂岩。

（2）由于强变形带的影响，不同时代的花岗质岩石形成相似的结构构造。

（3）黑云母二长花岗岩是侏罗纪末期岩浆活动的产物，是华北克拉通改造作用的产物。

（4）强韧性剪切带呈现出近水平剪切构造带的特征，可能为克拉通在中生代早期破裂的构造标志。

4　思考题

（1）为什么说绥中花岗岩（ArS*γ*）是早前寒武纪古老结晶基底？

（2）结合阅读 1∶20 万地质图（兴城幅），分析绥中花岗岩（ArS*γ*）的分布特征。

（3）简述兴城台里地区岩浆侵位期次。

（4）结合前人研究，分析该区从早到晚有几次大的变质变形构造事件？

任务 2　夹山元古代地层、晚太古宙斑状花岗岩观察路线

1　观察主要地质内容

（1）斑状花岗岩。

（2）元古代地层——常州沟组（Ch*c*）、串岭沟组（Ch*ch*）。

(3)斑状花岗岩与元古代地层接触关系。

(4)注意观察肉红色含砾长石砂岩与细粒花岗岩的区别。

(5)地层中小断层。

(6)含铁锰结核的热水沉积硅质岩。

(7)尾矿坝工程地质问题。

2 观察目的与要求

(1)观察斑状花岗岩的特征及其与常州沟组地层的接触关系。

(2)观察常州沟组、串岭沟组、大红峪组各段的岩性、岩石组合特征及地层组、段划分标志,在此基础上进一步理解群、组、段各级岩石地层单位的含义及划分依据。

(3)掌握沉积地层与岩浆侵入体之间沉积接触关系的野外识别标志及研究方法,建立构造运动的时空概念。

(4)掌握陆源碎屑岩的野外工作方法,了解不同陆源碎屑岩沉积环境的指示意义。

(5)掌握常见层理、层面构造的形成环境及其观察方法。

(6)绘制地层随手路线剖面图,并对典型地质现象作素描图。

(7)依据本路线观察内容总结岩浆岩与沉积岩的主要差别和识别标志。

(8)掌握尾矿坝工程地质勘察内容。

3 观察提示

3.1 斑状花岗岩的观察

矿物组成:浅色矿物包括钾长石、石英,暗色矿物包括角闪石、黑云母,它们均可是斑晶,其中钾长石斑晶较大,肉红色,板状一般2~10 mm,大者达2 cm。

结构构造:斑状结构、块状构造。

新鲜面为灰紫色。斑状花岗岩为一种酸性侵入岩浆岩。

3.2 岩浆岩与沉积岩的差别和识别标志

岩浆岩是岩浆经过冷凝而形成的,按成分岩浆岩可以划分为超基性岩、基性岩、中性岩和酸性岩,按产状可分为深成岩、浅成岩和火山岩。沉积岩是在地表及地表下不太深的地方形成的一种地质体,它是在常温常压下由风化作用、生物作用和某种火山作用形成的物质经过改造而形成的岩石。

岩浆岩与沉积岩的差别主要是两者形成的条件不同造成的,其识别标志主要有以下几点:

(1)结构构造。首先,宏观上沉积岩具有成层性;沉积岩具有多种层理,比如粒序层理、交错层理等;沉积岩具有一些层面构造,如波痕、龟裂、雨痕等。沉积岩为碎屑结构,岩浆岩为斑状结构、晶质结构、花岗结构等。

(2)矿物成分。岩浆岩矿物成分比较复杂,常见的矿物包括橄榄石、辉石、角闪石、云母、石英和长石。沉积碎屑岩成分比较简单,主要由碎屑颗粒(石英、长石、岩屑)、杂基、胶结物(钙质、硅质、泥质等)和孔隙组成。岩浆岩中矿物晶形完整,而沉积岩中矿物为碎屑,无完整晶形。

3.3　常州沟组与斑状花岗岩沉积接触界面的观察

(1)常州沟组与斑状花岗岩之间明显存在一界面,该界面凹凸不平。斑状花岗岩存在明显的风化壳特征,主要表现为斑状花岗岩的强烈蚀变和退色,说明斑状花岗岩接受相当时间的风化作用过程(见图7-2)。

(a)常州沟组与晚太古花岗岩沉积接触关系(夹山西)

(b)常州沟组底砾岩中的晚太古花岗岩大砾石(首山)

图7-2　常州沟组与斑状花岗岩(绥中花岗岩Ar)之间沉积接触关系野外露头

(郑常青拍摄,2008)

(2)在斑状花岗岩的上覆常州沟组沉积地层的底部,可见大量的来自斑状花岗岩成分的长石、石英等矿物碎屑,局部可见到较粗的斑状花岗岩砾石,粒径在2~300 mm,并且有一定的磨圆,即常州沟组底部有底砾岩。

(3)常州沟组为一套未变质的砂岩,其形成时代距今1 700~1 800 Ma。说明斑状花岗岩形成至少在1 700~1 800 Ma以前。

3.4　长城系常州沟组、串岭沟组、大红峪组观察

重点观察各组(段)岩性、岩石组合及沉积旋回特征,各组(段)界限是基本平直还是波状起伏,典型的分组(或段)的标志性岩性特征,界线上、下岩性是突变还是渐变,界限上、下岩层产状是否一致等内容。

(1)常州沟组:灰紫色中厚层粗粒砂岩,粒序层理发育,上部为黄灰色、灰白色中厚层中粗粒砂岩、灰黑色中薄层含云母细砂岩,顶部为灰白色中粗粒砂岩,发育板状斜层理。自下而上,常州沟组沉积物明显构成一由粗到细再到粗的沉积旋回。可以看到波痕层面构造。该组岩石的成分成熟度和结构成熟度偏低,海侵初期,陆地边缘,在沉积过程中,水体能量经历了高—低—中高的变化,为陆地边缘滨岸沉积环境。

(2)串岭沟组:由深灰色、灰黑色、黑色粉砂岩、粉砂质页岩组成。与下伏常州沟组发育板状斜层理灰白色中粗粒砂岩的界限清楚。见发育层间柔皱和断层。为潮下带低能环境沉积,水体较深,属开阔台地相沉积环境。区域上串岭沟组底部常发育有红色铁质(呈鲕粒状,肾状等)砂岩,部分地区形成铁矿层,即"宣龙式铁矿"。

(3)大红峪组:灰黄色厚层石英杂砂岩,发育大型波状层理。

3.5　陆源碎屑岩

重点观察碎屑成分及其含量、大小、磨圆、分选,胶结物成分含量及胶结类型,沉积构造。

陆源碎屑岩的主要特征:正常沉积碎屑岩通常称为碎屑岩,它主要是由母岩机械破碎的

产物——碎屑物质经过搬运、沉积并经过压实和胶结而成的。

碎屑岩的结构包括三个方面的内容，即碎屑颗粒本身特点（粒度、磨圆度、分选）、胶结物特点以及碎屑与胶结物之间的关系（胶结类型）。

粒度：砾 >2 mm，砂 $2\sim0.05$ mm，粉砂 $0.05\sim0.005$ mm，泥（黏土）<0.005 mm。

磨圆度：棱角状、次棱角状、次圆状、圆状。

分选：碎屑岩中颗粒大小的均匀程度，分选好指主要粒度成分含量 $>75\%$，或颗粒大小近于相等；分选中等指主要粒度成分含量为 $50\%\sim75\%$；分选差指没有一个粒级成分含量超过 50%，或颗粒大小相差较大。

一般情况下，沉积物搬运的距离越长，磨圆度、分选越好。

（1）细砾岩：呈薄层夹层状或透镜状产出。砾石粒径范围为 $2\sim4$ mm，分选中等，磨圆为次圆状。砾石成分多为长英质和花岗质岩石，少数为斜长角闪岩。填隙物为砂和粉砂。

（2）砂岩：按成分成熟度可分为两种：一种是灰紫色粗粒石英长石砂岩，长石碎屑含量高，磨圆、分选差，硅质胶结；另一种是中细粒长石石英砂岩，石英碎屑含量高，磨圆、分选中等，泥质、铁质胶结。

（3）粉砂岩：灰黑色、灰色薄层状，细碎屑结构，水平层理。

（4）页岩：本观察点页岩非常发育，尤其以含铁质页岩为主，也有泥质页岩和含云母粉砂质页岩，页理发育。

（5）沉积构造：本观察点发育有斜层理（交错层理）、平行层理、水平层理、粒序层理、波状层理，此外还有层面构造（波痕）。

纹层界线彼此平行者或为水平层理（由细粉砂、黏土粒级组成），或为平行层理（由砂级颗粒组成）；细层与层系界线成角度相交，或层系界线彼此相交，为斜层理（交错层理）；此外，尚有无层理的，称为块状层理。

粒序层理每个纹层的内部均出现粒度下粗向上逐渐变细的特点（或相反），而且纹理相互大致平行，而不交切。

波痕是层面上的一种有规律的起伏现象，是在水的作用下，沉积物表面的一层沙质沉积物在迁移过程中所形成的沙波在层面上的遗迹。波痕的形状极似水面的波浪，它可以有波峰和波谷之分，在剖面上表现出迎水面（向上游边）和背水面（下游边）近乎相等或相差很大的情况，即对称的或不对称的波痕。

3.6 尾矿坝工程地质勘察报告主要内容

（1）工程概述：工程概况、尾矿坝、目的任务、勘察执行技术标准、工作概况和交通位置及自然地理条件。

（2）区域地质概况：区域地质构造特征、地层及岩性。

（3）库区水文地质、工程地质条件：地形地貌特征、地震与场地稳定性评价、库区构造特征、库案稳定性及地下水类型。

（4）下坝址工程地质条件：地形地貌特征、地层岩性、构造特征、稳定性分析、尾矿库排水设施。

（5）上坝址工程地质条件：地形地貌特征、地层岩性、构造特征、稳定性分析、尾矿库排水设施。

（6）上、下坝址方案比较分析。

(7)拦洪坝坝址区工程地质。

(8)建筑材料及坝型。

4 思考题

(1)简述常州沟组与斑状花岗岩沉积接触界面形成的时间及其所包含的地质意义。

(2)哪些地质特征可作为确定“组”级、“段”级岩石地层单位界线的依据?

(3)层理和层面构造在判别沉积环境中有何重要的指示意义?

(4)尾矿坝的工程地质问题有哪些?

任务3 上长茂早古生代地层及矿产观察路线

1 观察主要内容

(1)观察震旦系雾迷山组(Jx*w*)、长龙山组(Qn*c*)、景儿峪组(Qn*j*)、寒武系昌平组($\in_1 c$)、馒头组($\in_1 m$)、毛庄组($\in_2 mz$)、徐庄组($\in_2 x$)、张夏组($\in_2 z$)等地层的主体岩性和各组地层划分标志及主要特征。

(2)重点掌握沿途所见各组主要岩性段的基本特征,注意采集代表性岩石标本及化石。

(3)参观选矿厂,了解杨家杖子式钼矿选矿工艺流程。

2 观察目的与要求

(1)掌握海相地层观察方法及海相沉积地层的主要特征。

(2)掌握沉积岩的描述方法。

(3)矿产地质:①掌握矿石基本概念,认识热液交代硅卡岩型(杨家杖子式)钼矿床矿石类型、特征及成因;②通过参观选矿厂,了解杨家杖子式钼矿选矿工艺流程。

3 观察提示

3.1 岩石地层

(1)观察蓟县系雾迷山组(Jx*w*)上部地层:灰色、黑灰色中厚层燧石条带燧石结核白云质灰岩、角砾状白云质灰岩特点。

(2)观察雾迷山组(Jx*w*)与青白口系长龙山组(Qn*c*)地层间的平行不整合接触特点,而位于两组之间的古风化壳,上、下地层岩层产状基本一致,缺失下马岭组(Qn*x*)、铁岭组(Jx*t*)、洪水庄组(Jx*h*)地层等现象就是平行不整合证据(芹峪运动);注意观察古风化壳的厚度、砾石特征和产状。

(3)观察青白口系长龙山组(Qn*c*)砂岩特点。

兴城地区长龙山组(Qn*c*)特征是底部为灰白色含砾砂岩和砾岩,中下部为灰白色厚层—中厚层长石石英砂岩、石英砂岩、含砾石英砂岩,中部黄灰色薄层含海绿石石英砂岩,上部紫色灰绿色页岩、英绿色粉砂岩、粉砂质页岩。总厚度达 118 m。

注意观察颜色变化:灰色→土黄色→暗紫色→杂色;粒度变化:中粒→细粒;胶结物变化:钙质→铁质、钙质;硬度变化:软→硬→软。

(4)观察青白口系景儿峪组(Qnj)灰岩。

兴城地区景儿峪组(Qnj)为杂色薄层板状灰岩、灰色白云质、泥质灰岩,最底部见有粗砂长石砂岩或细砾岩。注意颜色变化:黄绿色→灰白色→土黄色;岩性变化:砂岩→灰岩;单层厚度变化:以薄层为主,夹中薄层。

(5)观察寒武系海相地层。

重点观察:内源沉积岩的结构、构造特点(包括粒屑类型),胶结物成分特点,胶结类型,综合命名等。

昌平组($\in_1 c$):兴城地区为黄灰色角砾状白云质灰岩,灰色厚层结晶白云质灰岩,局部含有燧石条带灰岩,厚度60 m。

(6)馒头组($\in_1 m$):紫红色粉砂岩与泥岩,夹黄绿色页岩,约35 m。以出现紫红色粉砂岩与昌平组截然区分。能量较高的滩相沉积环境。

(7)毛庄组($\in_2 mz$):下部黄绿色—紫色粉砂岩,上部浅灰色薄层灰岩。产三叶虫:原波曼虫、卢氏宽壳虫等。以黄绿色粉砂岩与馒头组区分,厚度57.3 m。局限台地—开阔台地相沉积。

(8)徐庄组($\in_2 x$):下部灰绿色泥岩、页岩夹薄层泥质灰岩、鲕状灰岩。厚22 m。上部紫红色页岩、泥岩和灰绿色、紫色粉砂岩、泥质灰岩。厚68.3 m。此组产三叶虫:武安虫、毕利氏虫及原附栉虫。局限台地—开阔台地相沉积。

(9)张夏组($\in 2z$):下部深灰色厚层鲕粒灰岩夹灰黄色白云质灰岩、灰绿色页岩、灰色厚层灰岩,上部深灰色鲕粒灰岩、紫红色粉砂质页岩与黄绿色页岩,上部含有竹叶状砾屑灰岩。以深灰色厚层鲕粒灰岩与徐庄组区分。厚度144.5 m。产三叶虫:德氏虫、博山虫、叉尾虫等。局限台地—开阔台地相沉积。见图7-3。

图7-3　上长茂中元古地层—早古生代地层野外露头(郑常青拍摄,2008)

3.2　矿产地质观察

(1)含矿硅卡岩。观察主要内容包括矿物组成、结构构造、产状特征等。

产于中酸性侵入体和碳酸盐类岩石接触带及其附近,由含矿气水热液交代作用形成,具有石榴石、透辉石、符山石、阳起石、绿帘石、绿泥石及金云母等矿物组合的岩石称为硅卡岩。在杨家杖子矿区,含矿硅卡岩主要产于中酸性侵入体外侧∈—O系灰岩地层中,因此主要为外硅卡岩,它具有顺层发育产出特点。主要矿物组合为钙铝及钙铁榴石、绿帘石、透辉石,少量符山石、阳起石,伴生矿物有榍石、磷灰石、萤石、石英及方解石等;岩石结构以中粗粒半自形、自形粒状结构为主,构造有致密块状、脉状及条带状等。

(2)矿石观察。观察主要内容包括矿石类型,主要矿石、脉石矿物成分、特征及矿石结构构造等。

矿石是一种特殊岩石,当岩石中含有经济上有价值、技术上有可能从中提取元素、化合物或矿物时,即称为矿石;矿石中有用组分的含量即为品位,对钼元素而言,用百分含量表示(%)。矿石品位分为边界品位和最低工业品位,前者指区分矿与非矿的界线品位值;后者指工业上对可采矿段所要求的最低平均品位。硅卡岩型钼矿工业品位指标为0.05%~0.06%,在杨家杖子钼矿区,矿石品位一般为0.1%~0.3%,因而属中等品位矿石。

矿石中主要工业矿物为辉钼矿,灰白色,常为弯曲的鳞片状,叶片状晶体,染手;在矿石中辉钼矿呈三种形式产出:①呈单一辉钼矿脉产于硅卡岩裂隙中;②辉钼矿与石英、方解石一起交代硅卡岩或充填在硅卡岩裂隙中;③辉钼矿呈薄膜状赋存于硅卡岩中等。按矿物组合、矿石结构构造特征,矿区钼矿石类型可划分为致密块状、细脉状、浸染状、薄膜状等四种矿石类型。

(3)参观矿石选厂,了解杨家杖子钼矿选矿工艺流程。

辉钼矿(MoS_2)是一种具层状结构的片状硫化物,它具有较好的可浮性,尤其在pH值5.5~6.5的条件下,可浮性更强,因此适合浮选法选矿。

一般浮选法选钼矿工艺流程选出精矿Mo品位可达45%~54%,钼回收率可达90%。

4 思考题

(1)本区新元古代末期发生了什么运动?直接证据有哪些?

(2)雾迷山期末期发生了什么运动?证据是什么?

(3)结合所学的地球科学概论、地层古生物等课程,简述寒武纪生物出现的地质意义。

(4)寒武纪地层与本次野外所见的元古宙地层最主要的差异在哪几方面?

(5)简述馒头组、毛庄组紫红色粉砂岩、泥岩的沉积环境。

(6)硅卡岩特征及主要矿物组合是什么?

任务4 莲花山地层路线

1 观察主要内容

(1)中、下寒武统地层序列。

(2)土压力。

(3)挡土墙。

2 观察目的与要求

(1)观察与掌握寒武系的纵向层特征、各组的划分标志及主要特点。

(2)区别主要岩层类型,注意采集代表性岩石标本及化石。

(3)掌握土压力类型。

(4)了解挡土墙类型与设计。

3 观察提示

3.1 中、下寒武统地层序列

华北地台寒武系因其分布稳定、化石发育,是我国为数不多的国际标准剖面,而且其矿产资源也较丰富。因此,掌握寒武系特征对研究华北地台构造深化乃至全球下古生界构造演化和矿产资源意义重大。

下伏地层为景儿峪组燧石角砾岩。

在剖面起点进行地形图定点,注意绘制随手剖面。

(1)下寒武统。

昌平组:深灰色角砾状白云质灰岩夹粒屑灰岩,大于40 m。注意观察白云质灰岩的特征:风化面灰白色、新鲜面灰黑色,节理发育多组,将岩石切割成角砾状。局限台地相沉积环境。

馒头组:紫红色粉砂岩与泥岩,夹黄绿色页岩,约30 m。以出现紫红色粉砂岩与昌平组截然区分。能量较高的滩相沉积环境。

(2)中寒武统。

毛庄组:下部黄绿色粉砂岩,上部浅灰色薄层灰岩。产三叶虫:原波曼虫、卢氏宽壳虫等。以黄绿色粉砂岩与馒头组区分。局限台地—开阔台地相沉积。

徐庄组:下部灰绿色页岩与灰黄色薄层泥质灰岩,上部紫红色泥岩、页岩和灰黑色白支质灰岩。此组产三叶虫:武安虫、毕利氏虫及原附栉虫。局限台地—开阔台地相沉积。

张夏组:下部深灰色厚层鲕粒灰岩夹灰黄色白云质灰岩、灰绿色页岩、灰色厚层灰岩;上部深灰色鲕粒灰岩、紫红色粉砂质页岩与黄绿色页岩,上部含有竹叶状砾屑灰岩。以深灰色厚层鲕粒灰岩与徐庄组区分。产三叶虫:德氏虫、博山虫、叉尾虫等。局限台地—开阔台地相沉积。

3.2 土压力

根据挡土墙的位移方向和墙后填土的应力状态,作用在墙背上的土压力可分为静止土压力、主动土压力和被动土压力三种类型。

(1)静止土压力。当挡土墙静止不动时,即不移动也不转动,此时作用于墙上的土压力称为静止土压力。

(2)主动土压力。当挡土墙在土压力作用下向背离填土方向移动或转动时,随着位移的增大,墙后土压力逐渐减少。当位移达到一定量值时,墙后土体处于主动极限平衡状态。此时作用于挡土墙的土压力达到最小值,该土压力称为主动土压力(大多数挡土墙所受土压力均按主动土压力计算)。

(3)被动土压力。当挡土墙在外力作用下向填土方向移动或转动时,随着位移的增大,墙后土压力逐渐增大。当位移达到一定量值时,墙后土体处于被动极限平衡状态,此时作用于挡土墙的土压力达到最大值,该土压力称为被动土压力。如拱桥桥台,在拱体传递的水平推力作用下,将挤压土体向填土方向产生一定的位移,故作用于桥台背的土压力可按被动土压力计算。

三种土压力同挡土墙的位移关系,在相同的墙高和填土等条件下,主动土压力小于静止土压力,而静止土压力又小于被动土压力,即主动土压力<静止土压力<被动土压力。

3.3 挡土墙类型

(1)重力式挡土墙。重力式挡土墙一般由块石、毛石或混凝土材料砌筑而成。是依靠自身的重力来抵抗墙后土体压力,其特点是构造简单、施工方便、取材容易等,在工程上广泛应用。由于是靠自重来抵抗土压力,因此重力式挡土墙体积和重量都必须很大才能保证墙体的稳定。但墙太高时，材料消耗和工程量均增大，导致造价增加。因此，重力式挡土墙一般适用于高度在 6 m 以下。

(2)悬臂式与扶壁式挡土墙。悬臂式挡土墙一般由钢筋混凝土建造，由立臂、墙趾悬臂、墙踵悬臂组成。挡土墙的稳定性主要由墙踵悬臂上的土重来维持。而土压力在立壁中产生的拉应力由墙中的钢筋来承受。因此，此类挡土墙的墙身截面尺寸较小。其适用于墙高大于 5 m、地基土质较差时的边坡支护工程。

扶壁式挡土墙当墙较高时，所受的弯矩和产生的变形均较大，因此必须沿悬臂式挡土墙的墙长纵向每隔一定距离 0.3～0.6 倍挡土墙高度设置一道扶壁，故称扶壁式挡土墙。这样可提高立壁的抗弯性能，减少钢筋的用量。挡土墙的稳定性由扶壁间填土重来维持。

(3)锚杆式和锚定板式挡土墙。由钢筋混凝土立柱、墙面板、钢拉杆和锚定板，在现场拼装而成。主要是依靠填土与结构的相互作用力来维持其自身的稳定。其工程特点是结构轻、柔性大、工程量小、造价低但施工较复杂。特别适用于地基承载力不大的工程。

(4)板桩式挡土墙。板桩式挡土墙是由板桩和锚栓组成。板桩一般有钢筋混凝土板桩或钢板桩，锚栓可以用锚杆或锚定板，在墙较低时也可不用锚栓。作用在板桩上的土压力通过锚栓和墙前的土体来支承。一般作为开挖基坑时的临时性支护使用。

4 思考题

(1)简述纵向上寒武系各组岩性、岩层的韵律变化及相应的沉积相的变化。

(2)各组的划分标志、主要特征有哪些?

(3)查阅资料，对重力式挡土墙的设计进行学习。

任务 5 牤牛山古生代地层、矿产观察路线

1 观察主要地质内容

(1)古生代地层。

蛤蟆山组(P_3h)：砾岩厚度、成分、胶结特征，铝土矿层。

石盒子组($P_{2-3}s$)：主体岩性和层序特征，注意寻找底部含砾粗砂岩和植物化石。

山西组(P_1s)：主体岩性和层序特征，底部含砾砂岩的砾石特征，顶部铝土矿层。

太原组(C_2-P_1t)：主体岩性和层序特征，煤层或炭质页岩的露头特征，化石类别，含砾砂岩砾石特征。

本溪组(C_2b)：主体岩性和层序特征，不整合面特征，底部山西式铁矿与 G 层铝土矿的关系。

马家沟组(O_2m)：主体岩性和层序特征，白云质灰岩、灰岩岩层厚度变化，风化面颜色、特征与矿物成分的关系，注意寻找化石。

(2)各类矿产赋存层位，原生露头特征，与围岩关系，矿体规模、形态、产状变化，矿石矿物成分、结构构造、次生变化。

2 观察目的与要求

(1)掌握本区所见各组地层的主要特征、划分依据、沉积环境。

(2)掌握路线中各种类型的灰岩、砾岩、砂岩、粉砂岩、泥质岩、页岩的基本特征。

(3)初步掌握所见生物化石的特点。

(4)通过认识相关矿产地质特征,理解矿床、矿体、矿化、围岩、矿石、夹石等矿产勘查学基本概念。

(5)通过对相关矿产工业价值的初步判定,理解边界品位、工业品位、可采厚度等工业指标的基本内容。

(6)了解相关矿产的矿床学特征:矿体赋存层位、形态、规模、产状、矿物成分、结构构造等。

(7)了解相关矿床的成因机制和找矿标志。

3 观察提示

3.1 地层

(1)马家沟组(O_2m)。

在本路线中见上马家沟组,为灰色厚层花纹状含硅质结核白云质灰岩,上部为含粉砂岩条带砾屑灰岩。局限台地相的潮间带沉积环境。

(2)本溪组(C_2b)。

本溪组为一套海陆交互相碎屑岩夹灰岩,它与下伏地层马家沟组(O_2m)为平行不整合接触,其间缺失中奥陶统上部—下石炭统。

由于长期风化的结果,本溪组最底部为含铁较丰富的岩层(山西式铁矿)。

在本路线中,该层不稳定,呈透镜状或似层状,个别地段甚至缺失,含铁矿物一般为褐铁矿,含量在横向变化很大,有的地段为铁质砂岩,有的地段为褐铁矿层或褐铁矿透镜体。

铁矿之上为G层铝土矿,矿层厚度有一定的变化,沿走向其中的含铝量变化较大,大多为含铝细砂岩、粉砂岩,局部地段为致密块状或鲕状铝土矿。

G层铝土矿矿层之上为一套海陆交互相的砂岩、粉砂岩、炭质页岩和少量泥灰岩(煤井中可见),在炭质页岩中含陆生高等植物化石。

(3)太原组(C_2-P_1t)。

从总体特征上看,下部为褐黄色含砾中粗粒砂岩,中部为细砂岩、粉砂岩、泥质粉砂岩、泥岩和炭质页岩,形成三个沉积旋回,每个旋回的底部为中细粒砂岩或细砂岩,中部为粉砂岩和泥质粉砂岩,上部为炭质页岩或煤。在最下部的旋回中含数层灰岩或泥灰岩(煤井中可见),炭质页岩中含植物化石。以褐黄色含砾中粗粒砂岩同本溪组区分,其中砾石主要为砂岩、粉砂岩和页岩,大小在2 cm左右,磨圆较差,为次棱角状。为湖沼相沉积环境。

(4)山西组(P_1s)。

下部为灰黄色含砾中粗粒砂岩,中部为细砂岩、粉砂岩、泥质粉砂岩、泥岩和炭质页岩,形成3~4个沉积旋回,每个旋回的底部为中细粒砂岩或细砂岩,中部为粉砂岩和泥质粉砂岩,上部为炭质页岩或煤。以灰黄色含砾中粗粒砂岩同太原组区分,其中砾石主要为砂岩,大小在4 cm左右,磨圆较好,为次圆状。为湖沼相沉积环境。

上部可见一层显致密块状的铝土矿,铝土矿之上为黑色泥岩、粉砂岩和少量细砂岩。

(5)石盒子组($P_{2-3}s$)。

本路线中石盒子组地层出露较薄,故不再划分上石盒子组和下石盒子组,因此将它们合为一个岩石地层单位——石盒子组($P_{2-3}s$)。该组主体岩性为黄绿色砂岩,底部为一层含砾粗砂岩。为河流相沉积环境。

(6)蛤蟆山组(P_3h)。

在本路线中,蛤蟆山组为紫褐色—黄褐色砾岩、砾石,成分以石英质为主,砾径一般可达20 cm,最大可达40 cm以上,砾石磨圆程度高,但分选差,这是由于水流中含砾石较多,水流动力强,砾石间易磨圆所致。砾岩中夹有数层黄褐—紫褐色含砾粗砂岩。为河流相沉积环境。

3.2 矿产地质

(1)山西式铁矿。

山西式铁矿矿体主要分布在牤牛山一带上石炭统本溪组底部,为古风化壳型褐铁矿层。矿体呈似层状透镜状,厚0.2~0.6 m。

矿石主要为蜂窝状褐铁矿,见有少量致密块状褐铁矿。

(2)铝土矿。

本区见有两个铝土矿层,下部铝土矿层(G层)产于本溪组底部,上部铝土矿层(B、A层)产于二叠系山西组地层中。

矿体呈层状透镜状与围岩整合产出,矿石为致密块状为主,有少量的鲕状铝土矿。

质纯的铝土矿用于炼制氧化铝,再由氧化铝电解金属铝;质量稍差的铝土矿用于制造优质耐火材料、化学制品、磨料吸附剂、水泥和平炉炼钢中的熔剂等。

(3)煤矿。

晚石炭世—早二叠世是我国最重要的成煤时期。主要分布在华北地台上,我国有1/3的煤的储量产于该含煤岩系中。

本路线上的煤窑为兴华煤矿,所开采的层位为太原组煤层,厚2.5~6 m,属中厚层—厚层煤层,井下有三个层位可以开采,所采煤层为劣质无烟煤。

煤层的底板为沼泽相泥岩、粉砂岩,顶板为海相石灰岩。

(4)石灰岩矿。

石灰岩矿为古生代马家沟组地层。

马家沟组灰岩厚度大、质纯,可用于工业熔剂、水泥原料、做电石等,具有很高的经济价值。

3.3 相关矿产部分工业指标

褐铁矿全TFe 35%~60%,边界品位25%,工业品位30%,最小可采厚度:露天2~4 m,坑采1~2 m;夹石剔除厚度:露天1~2 m,坑采1 m。

铝土矿以Al_2O_3/SiO_2和Al_2O_3含量双重标准厘定,边界品位:露天Al_2O_3/SiO_2 1.8~2.8,$Al_2O_3 \geq 40\%$;坑采Al_2O_3/SiO_2 1.8~2.6,$Al_2O_3 \geq 40\%$。最小可采厚度:露天0.8~0.5 m,坑采0.8~1 m。夹石剔除厚度:露天0.5~0.8 m,坑采0.8~1 m。

4 思考题

(1)马家沟组与本溪组为平行不整合接触,在路线上我们看到了哪些证据?

(2)蛤蟆山组中砾岩的砾石成分为什么大多为石英质的?

(3)在本路线太原组和山西组中,你看到了哪些化石?

(4)山西式铁矿是怎样形成的?它的出现有何地质意义?

(5)煤层一般形成于什么环境?

任务6 白庙子构造地质观察路线

1 观察主要地质内容

(1)断裂构造观察与描述。

(2)褶皱构造观察与描述。

(3)岩土工程勘察中断层的观察。

2 观察目的与要求

(1)观察断层两盘岩石特征、地层时代、产状特点。

(2)掌握断层、褶皱构造的识别标志。

(3)学会确定断层性质的方法。

(4)掌握断层、褶皱等构造要素的测量与描述。

(5)掌握岩土工程勘察中断层的判别方法。

3 观察提示

3.1 白庙子断裂的观察

(1)观察断层两盘岩石特征、地层时代、产状特点。

断层呈北东走向,倾向北西,下盘为中元古界雾迷山组的含燧石结核白云质灰岩,岩层产状0°∠25°,上盘为下古生界寒武系紫红色粉砂质页岩,岩层产状330°∠30°。

(2)断层野外识别标志:①断层面的存在;②地层沿走向突然中断;③断层带内见有花岗细晶岩脉充填;④地层大量缺失;⑤沿断层分布的牵引褶皱;⑥构造角砾岩的存在;⑦构造岩抗风化能力低,地貌上为负地形。

(3)断层性质(正断层、逆断层与走滑断层)的确定。

新地层为下降盘,老地层为上升盘;有地层缺失,只有正断层才能造成地层缺失;断距等于缺失地层的厚度。

(4)褶皱构造观察与描述。

在垂直褶皱走向的剖面上,可见有中寒武统张夏组厚层鲕粒灰岩构成核部,中寒武统徐庄组和下寒武统毛庄组在两翼对称分布,NW翼地层产状为90°∠30°。ES翼地层产状为310°∠30°,测量褶皱的产状要素,并绘图表示。

(5)断层与褶皱的关系。

断层与褶皱紧密伴生,并依附于断层呈线性分布,可初步认为褶皱构造与断层作用相关。

3.2 岩土工程勘察中断层的判别方法

(1)地球化学勘探。

地球化学勘探是城市地震说动断层探测普查阶段最常用的一种方法,通过化学异常带的分布发现断层的大致位置，是捕捉、识别某些从地球内部持续释放的高挥发性元素沿断裂带向地表迁移形成的异常分布带，以探查隐伏断层的存在，为进一步开展地球物理探测和地质勘探提供依据，在活断层探测中，地球化学探查主要是应用土壤气，测定组分 Rn、Hg、He、CO_2、SO_2、O_2、CH_4 及其他碳氢化合物，另有一些气体同位素，如^{13}CH 和^{3}He 等。目前活断层的地球化学探测中，主要测项为 Rn 和 Hg。

(2)剖面追索法。

断层一般具有线性分布的特点，布置勘探孔时可以沿着楼盘范围的断层走向线，顺延伸方向画一条直线做基准线，从已知断层走向的剖面线开始钻探，查明其具体位置后，随时修正基准线，再在相邻的剖面线钻探，依次追索，直至查明该断层在建筑物范围内的走向分布状况。

(3)小间距钻探和槽探。

①在目标区内不同的有代表性地区，打 1 个至数个标准孔，对钻孔岩芯进行精细地层划分及系统测年和测井，研究第四纪地质演化和环境变迁，有助于对地球物理探测中各种界面的地质含义及其年龄的认识，并为地球物理反演提供实测资料。

②在较长地球物理剖面上进行钻探和测井工作，主要是要获得地球物理反演时需要的各种物性参数，如密度、S 波和 P 波速度及电阻率等分布、分层界面的物质成分及地质年代和年龄，以提高地球物理反演质量，更好地做好地质解释工作。

③选择地球物理探测中可靠程度较高的典型剖面，开展小间距联合钻探剖面工作。

(4)高密度电法。

高密度电法是一种阵列勘探地球物理方法，以岩、矿石之间电阻率差异为基础，通过观测和研究与这些差异有关的电场在空间上的分布特点和变化规律，查明地下地质构造和寻找地下电性不均匀体，如岩溶、风化层、滑坡体等。

4 思考题

(1)简述断层的性质及其活动时代。

(2)简述褶皱类型及其形成时代。

(3)简述断层与褶皱的生成关系。

(4)工程施工对断层的处理办法有哪些？

任务 7 龙回头中生代地层观察路线

1 观察主要地质内容

(1)海岸带地质作用与地貌特征。

(2)海房沟组(J_2h)复成分砾岩特征。

(3)海房沟组(J_2h)砂岩特征。

(4)基性岩脉(辉绿岩脉)特征。

(5)断层角砾岩特征。

(6)海蚀地貌。

2 观察目的与要求

(1)熟悉海岸带地质作用及地貌特征。

(2)熟悉陆源碎屑岩粒度分级、成分分类。

(3)了解海房沟组(J_2h)复成分砾岩特征,熟悉砾岩的野外主要研究内容和方法,掌握不同沉积环境的砾岩发育特征。

(4)熟悉砂岩的野外主要观察内容,学会使用沉积构造等各种成因标志综合分析砂体形成环境。

(5)熟悉基性岩脉(辉绿岩脉)特征及其与沉积层系的接触关系。

(6)熟悉断层角砾岩特征,掌握沉积砾岩与断层角砾岩的区别。

(7)练习典型地质现象素描图绘图技巧。

(8)掌握海蚀地貌的类型。

3 观察提示

3.1 海岸带地质作用及地貌特征观察

(1)情人岛—龙回头海滨主要为紧邻陡崖的砾石滩,为中粗砾堆积,砾石成分复杂,磨圆较好,砾石扁平面主要平行于地面分布,最大长轴方向主要平行于岸线。平行于岸带砾石堆积具有分带性。注意对比现代海滨砾滩堆积与岸边海房沟组砾岩的异同。观察冲浪带进浪和退浪(回流)的反复冲刷、淘洗作用,注意砂质堆积物的波痕形态特征。

(2)情人岛—龙回头海岸的中侏罗统海房沟组砾岩,在海水的冲刷侵蚀作用下,形成了波切台地砾滩、海蚀崖、海蚀洞等一系列海蚀地貌。由节理缝侵蚀形成的海蚀洞规模巨大,薄层或透镜状砂岩中的海蚀洞规模较小,形似蜂窝。

3.2 海房沟组(J_2h)复成分砾岩特征

中侏罗统海房沟组区域上与下伏地层不整合接触,本组俗称“海房沟砾岩”。在兴城情人岛—龙回头海滨主要为一套复成分砾岩夹薄层砂岩和砂岩透镜体(见图7-4)。该砾岩为滨岸砾岩,特征典型,具体如下:

(1)砾石特征。该砾岩砾石主要为中粗砾级,砾径以8~20 cm居多,砾石含量占60%以上。砾岩分选较差,砾石多呈次棱角—次圆状。砾石成分复杂,以硅质岩、石英脉岩、石英砂岩、安山岩为主,也有少量的碳酸盐岩和花岗岩砾石。反映了该砾岩为近源堆积,并遭受了一定的磨圆改造作用。

该砾岩砾石定向排列特征明显,砾石扁平面基本平行于地层层面,具有典型的岸带砾石分布特征。

(2)填隙物特征。该区砾岩主要为颗粒支撑,填隙物主要为杂基,化学胶结物较少。而杂基又以砂粒级为主,细碎屑较少。反映了砾岩沉积时,水动力条件较强。结合上述砾石特征可以初步确定该砾岩为滨岸砾岩。

3.3 海房沟组(J_2h)砂岩特征

海房沟组砂岩主要呈薄层或透镜体产出,中细粒碎屑结构,分选好。矿物成分以石英、长石为主,石英含量在80%以上,泥质胶结为主。砂岩中可见清晰的双向羽状交错层理(又名青鱼骨状交错层理)、低角度冲刷交错层理(又名海滩交错层理)、人字形浪成沙纹交错层

(a)海房沟组(J_2h)复成分砾岩

(b)海房沟组(J_2h)砂岩中羽状交错层理

(c)海房沟组(J_2h)复成分砾岩中断层

(d)侵入海房沟组(J_2h)复成分砾岩的辉绿岩脉

图 7-4　情人岛—龙回头海房沟组(J_2h)复成分砾岩、砂岩透镜体、辉绿岩脉和断层等露头(郑常青拍摄,2008)

理。其中,双向羽状交错层理是典型的岸带潮汐作用产物;低角度冲刷交错层理是典型的海滩沉积产物;人字形浪成沙纹交错层理是波浪作用的典型产物。

此外,海房沟组(J_2h)砂岩中还可见不典型的丘状交错层理,还夹有以镜煤组分为主的煤线。这些特征也从侧面说明了该剖面的海房沟组(J_2h)形成于滨岸沉积环境。

3.4　基性岩脉(辉绿岩脉)特征

海房沟组见有多条辉绿岩岩脉。岩脉产状与地层不协调,可见典型的辉绿结构——斜长石微晶搭成的格架中充填辉石微晶。由于暗色矿物在地表不稳定,因此表层可见暗色矿物蚀变残留的褐色铁质物。

3.5　断层角砾岩特征

海房沟组(J_2h)与中元古界长城系大红峪组(Chd)为断层接触,在断层带发育断层角砾岩。砾石形状不规则,多为棱角状,大小不一,杂乱无定向。砾石成分单一,主要为石英砂岩,属单成分砾岩;砾岩胶结物主要为硅质。据区域地质资料,该断层可能为逆断层。

3.6　海蚀作用与海蚀地貌

3.6.1　海蚀作用

波浪、潮汐、海流等对海岸进行的侵蚀作用称为海蚀作用。海蚀作用在基岩海岸表现最为明显,它通过冲刷、研磨和溶蚀作用使岸线遭到破坏。

(1)冲刷作用。海浪以巨大的能量冲击海岸,使岩石遭到破坏,法国北岸迪埃晋记录到海浪的冲击力达到60 t/m^2。特别是对有裂隙和节理的岩层,海浪不仅以其巨大的冲击力破坏岩石,而且将裂隙中的空气压缩,海水退却时,压力骤减,形成一种爆炸力量。如此反复进行,可使岩壁破碎、崩解,海岸不断后退。

(2)磨蚀作用。海浪挟带着砂砾以巨大的力量前拥后推,对岸边和水下的基岩进行强力磨蚀,长期的磨蚀作用将岸边塑造成陡崖,把海底基岩磨成平台。

(3)溶蚀作用。海水对岩石、矿物的溶蚀能力比淡水强。除碳酸盐能溶于海水外,海水对玄武岩、正长岩、角闪石和黑曜岩的溶蚀速度也比淡水大3~14倍。就连石英晶体在微碱性的海水中也有较高的溶解度,它使含SiO_2的基岩遭到破坏。

3.6.2 海蚀地貌

由海蚀作用对沿岸陆地所形成的地貌称为海蚀地貌。海蚀的程度与波浪的强度、海岸原始地形有关,组成海岸的岩性及地质构造特征,亦有重要影响。所形成的海蚀地貌有海蚀崖、海蚀台、海蚀穴、海蚀拱桥、海蚀柱等。

(1)海蚀崖是基岩海岸受海蚀及重力崩落作用,常沿断层节理或层理面形成的陡壁悬崖。在近岸水下斜坡有较大倾斜和风浪盛行的地带,击岸浪挟带岩石碎屑或砂砾石不断拍击、冲刷、淘蚀陡崖,在崖脚常形成浪蚀龛,经击岸浪不断冲刷、淘蚀,凹穴不断向里伸进,规模逐渐扩大,最后导致上部岩石崩塌,形成陡峭崖壁;继续冲刷、淘蚀、崩塌,海岸则进一步后退。海蚀崖崩塌在崖麓的碎屑物未被波浪冲刷改造时,崩塌作用可在一定时段内阻止海岸进一步遭受破坏,当崖麓碎屑物被波浪携去,海岸侵蚀作用再度恢复。但随着海蚀平台距离的增加和水下堆积地形的发育,波浪作用受到极大抑制,这时海蚀崖后退的速度逐渐减缓,甚至停止后退。

(2)海蚀台是在海蚀崖前形成的一片平坦而微微向海倾斜的平台。海蚀台的形成是通过波浪冲淘岸壁,形成海蚀穴,悬空的崖壁在重力作用下发生崩塌,新的冲淘和崩塌又重新发生,这种过程不断进行,直到海蚀台在其宽度增大到波浪的冲蚀作用不能达到时,就停止发展。假如海岸上升(或海面下降),海蚀台上升,就形成海蚀阶地。

(3)海蚀穴又称浪蚀龛,指在海岸线附近出现的凹槽形海岸,海蚀作用首先发生在海面与陆地接触的地方,一般是高潮面与陆地接触的地方。由于激浪的淘蚀或海水的溶蚀,使海岸形成了槽形凹穴,断断续续沿海岸线呈带状分布,因此古海蚀穴可以作为古海岸线高度的标志。海蚀穴的形成与海平面的关系密切,分以下3种类型:

①潮下带海蚀穴。部分或全部发育在水下,其形成原因为生物或化学作用。

②潮间带潮汐海蚀穴和潮间带破浪海蚀穴。前者整个或部分在潮间带掘成,后者通常在高潮位上掘成。

③潮上带海蚀穴。发生在浪花带及其附近。在海崖高潮位以上不同高度上出现的古海蚀穴,表征海平面间断下降或发生突发性垂直构造运动。

(4)海蚀拱桥是海岸受海浪侵蚀、崩坍而形成的,是基岩海岛上比较少见而又十分奇特的海蚀地貌。海蚀拱桥常见于岬角处,其两侧受波浪的强烈冲蚀,形成海蚀洞,波浪继续作用,使两侧方向相反的海蚀洞被蚀穿而相互贯通,形似拱桥,又称为"海穹"。在我国广西沿海一带,居民据其形状似由陆向海伸展的象鼻,又叫"象鼻山"。

(5)海蚀柱是海岸受海浪侵蚀、崩坍而形成的与岸分离的岩柱。具体是海蚀拱桥进一步受到海浪侵蚀,顶板的岩体坍陷,残留的岩体与海岸分隔开来后峭然挺拔于岩滩之上,即为海蚀柱。

4 思考题

(1)对比滨岸砾岩、河成砾岩及洪积砾岩的异同。

(2)总结海滩沉积构造特征。

任务8 茶棚庵采石场构造路线

1 观察主要地质内容

(1)绥中花岗岩、常州沟组的特征,绥中花岗岩与常州沟组的接触关系。

(2)绥中花岗岩与常州沟组接触带附近发育的逆冲型韧性剪切带。

(3)常州沟组中发育的多条陡倾脆性断层。

(4)常州沟组中发育的斜歪倾伏褶皱、小型断层传播褶皱。

(5)沉积岩的层面构造——波痕。

2 观察目的与要求

(1)掌握韧性剪切带的野外观察方法。

(2)掌握断层的野外观察方法。

(3)掌握褶皱构造的野外观察方法。

(4)沉积岩层面构造的观察方法。

(5)分析褶皱与断层之间的关系。

(6)绘制地质剖面图。

3 观察提示

3.1 韧性剪切带的观察与识别

(1)韧性剪切带的产状及其在空间上的变化。

(2)韧性剪切带中构造岩的特征,注意不同性质的原岩在变形作用过程中变形特征的差异。

(3)韧性剪切带中的小型变形结构及运动学标志。

(4)韧性剪切带上、下盘岩石(地层)的特征、组成及时代。

(5)确定韧性剪切带的性质。

3.2 断层的观察与识别

(1)断层面(带)的产状。

(2)构造岩的特征。

(3)断层面(带)上发育的小型构造,包括摩擦镜面、擦痕、阶步等,确定断层的运动学特征。

(4)断层带中构造透镜体,断层带两侧派生的次级构造,包括小型破裂构造、小型牵引褶皱等，确定断层的运动学特征。

(5)断层上、下盘地层的产状特征、组成及时代，地层在空间上的连续性等。

(6)断层与岩脉(花岗伟晶岩脉、辉绿岩脉等)的关系。

(7)确定断层的性质。

3.3　褶皱构造的观察

(1)褶皱的地层组成特征。

(2)褶皱两翼地层产状。

(3)褶皱枢纽与轴面的产状及空间展布特征。

(4)确定褶皱的类型。

(5)分析断层作用与褶皱作用的关系。

注意对常州沟组中发育的小型断层传播褶皱的观察。

3.4　绥中花岗岩的岩性特征

常州沟组的组成及沉积构造(层面构造)的观察，绥中花岗岩与常州沟组的沉积接触关系及底砾岩的观察。

3.5　绘制地质剖面图

比例尺为 1∶1 000。

茶棚庵铁路采石场常州沟组石英砂岩向形及波痕构造特征见图 7-5。

(a)茶棚庵铁路采石场常州沟组石英砂岩向形构造　(b)茶棚庵铁路采石场常州沟组石英砂岩波痕构造

图 7-5　茶棚庵铁路采石场常州沟组石英砂岩向形及波痕构造特征

(郑常青拍摄，2007)

4　思考题

(1)如何区别韧性剪切带和脆性断层？

(2)地层发生倾斜的原因有哪些？其发生的过程是怎样进行的？

(3)你对褶皱与断层的关系是如何理解的？

(4)如何理解构造隆升或沉降对沉积作用的控制？

(5)韧性剪切带和脆性断层的运动学标志有哪些？

任务 9　钓鱼台侵入岩路线

1　观察主要地质内容

(1)中酸性侵入岩:斑状黑云二长花岗岩、石英闪长岩等。

(2)各种脉岩:花岗伟晶岩、细粒花岗岩、细晶岩、辉绿岩等。

(3)单矿物岩:角闪石岩等。

(4)不同侵入体形成相对时代的分析和描述。

2　观察目的与要求

(1)掌握火成岩的野外地质观察内容、描述方法和命名原则,学会火成岩野外地质工作的基本方法。

(2)掌握不同侵入体形成相对时代的判别标志、记录描述方法等。

(3)了解海岸带动力系统及其所产生的地质、地貌现象。

(4)了解海岸对工程稳定性的影响。

(5)了解海水倒灌的相关问题。

3　观察提示

3.1　侵入岩的种类

掌握侵入岩矿物组合特征及矿物的肉眼识别;明确侵入岩的颜色与岩石的矿物成分、化学成分的关系(看颜色,识岩性)。

该路线中出露的侵入岩主要为中酸性岩类:中粗粒斑状黑云母二长花岗岩和石英正长岩等。还有长英质花岗伟晶岩脉及细晶岩脉穿切岩体,在路线起点处还出露有基性的辉绿岩脉。

岩石类型观察:

(1)酸性侵入岩:花岗岩。要注意观察岩石风化面和新鲜面的颜色变化。浅色矿物主要有钾长石、斜长石、石英,它们均可作为斑晶,其中钾长石斑晶较大,肉红色,板状一般 2 ~ 10 mm,大者达 2 cm。暗色矿物多为黑云母和角闪石(含量 $<10\%$)。常见的结构为花岗结构、斑状结构等,矿物的粒度要分别描述;块状构造。

(2)中性侵入岩:正长岩(闪长岩)。岩石的组成矿物与酸性侵入岩相似,但暗色矿物含量增加($>10\%$),而石英的含量减少($<10\%$)。

(3)长英质伟晶岩脉和细晶岩脉。主要成分为钾长石和石英,但不同期次、不同位置的矿物的粒度不同。

(4)基性岩:辉绿岩脉。注意暗色矿物含量的大量出现使岩石的抗风化性降低。

3.2　侵入岩的产状

掌握侵入岩的产状类型,并注意岩石结构构造与侵入岩产状的关系(看结构构造,识产状)。

要注意不同侵位深度(深成相、浅成相)、不同规模的侵入岩体(岩基、岩株、岩盆、岩床、岩墙、岩盖等)或侵入体的不同部位(内部相、边缘相)的岩石结构会呈现出不同的结构构造类型。该路线出露的火成岩主要为深成岩,部分为后期的脉岩。

3.3　多期岩脉的侵入顺序

后期侵入的岩脉穿切早期侵入的岩脉(或其他的地质体)。要注意多点观察,切忌以偏概全,要从整体上考虑和观察。

火成岩分类命名的关键在于熟练掌握不同岩石类型矿物组合特征;而野外岩石定名的准确性依赖于矿物成分的肉眼识别。在该路线中可见到二长花岗岩、石英闪长岩(花岗闪长岩)等深成岩及花岗伟晶岩和细晶岩、辉绿岩等岩脉。对以上不同岩石类型,依其颜色、结构、构造、矿物成分(晶形、自形程度、粒径及其含量)等予以详细描述;对其产状岩体形态、大小等分别予以叙述;特别是它们之间的相互关系(穿切、包裹等),有无包体和捕虏体等都要予以应有的重视。

首先要以矿物组合特征为根据,划分出大类,为花岗岩类、闪长岩类还是辉长岩类等;再根据其结构、构造和产状等进一步分类命名。还要观察岩体同围岩(或地层)之间的接触关系;若同时出现不同的岩石类型,也要分清它们之间的相互关系,以便于说明其形成顺序及该区岩浆演化历史等。

3.4　海岸稳定性影响因素

海岸稳定性是一种反映海岸状态的复杂性质,它受到自然因素和人为因素的双重作用,自然因素包括研究区域的地质过程、地形地貌、水动力条件、泥沙来源、入海通量、海平面变化,以及风暴潮、海等海洋灾害;人为因素主要包括滩涂围垦、港口航道建设、海岸防护工程、人工采砂等干扰活动。

3.5　海水倒灌

海水倒灌指的是海水经地表到达陆地。

3.5.1　形成原因

出现海水倒灌的原因可能是:

(1)地势低平地区遇到潮汐、巨浪时。

(2)地下水的过分开采。

(3)中游、上游农业、生产用水多,导致河流下游水量减少,水位下降。

(4)过度采沙,河床下降,导致海水倒灌。

(5)出现有固定时间的天文大潮。

3.5.2　出现海水倒灌的地点

(1)季风气候内河流的入海口。夏季,河水、海水水位相等,冬季,河水水位下降,导致海水倒灌。

(2)喇叭形河口处。

(3)沿海地区地势低洼处。

3.5.3　主要危害

水中氯化物含量超过 600 mg/L、800 mg/L、1 200 mg/L,蔬菜就要减产 20%、40%、60%。氯化物含量超过 1 000 mg/L,土壤就要板结,地表白茫茫一片。其中,氯化物超过

500 mg/L,西红柿个头小、口感差、产量低,白菜就要烂心。超过1 000 mg/L,黄瓜就要绝收。蔬菜尚且如此,这样的水摄入人体,给人体健康造成的危害更是可想而知。不仅如此,水中盐度高,生产设备容易氧化,对工业生产同样造成威胁,甚至影响到招商引资。

3.5.4 解决措施

(1)最关键的是要严控地下水开采量。制定禁止开采区和限制开采区的保护规划,以恢复地下水的良性循环。

(2)要强化节约用水管理,发展节水型工业、农业和服务业。工业用水提倡循环利用,农业要加大节水型新技术灌溉设施建设。

(3)要支持截流、截潜和集雨工程,增加地表水蓄水量,增强地下水补给量,让淡水资源最大程度在内陆消化。

4 思考题

(1)该路线花岗岩为深成侵入体,为何出露地表?

(2)如何判断岩体(脉)侵入的先后顺序?

任务10 角山白垩纪火山岩及古长城考察路线

1 主要观察地质内容

(1)角山白垩纪火山岩的主要岩石类型以及发育在火山岩中各种脉岩。

(2)绥中花岗岩及其主要地貌特征。

2 观察目的与要求

(1)了解绥中花岗岩的空间分布及其与地貌之间的关系。

(2)观察角山长城中生界下白垩统义县组(K_1y)火山岩的特征。

3 观察提示

路线的起点位于角山山脚处,终点位于索道的山顶。

3.1 绥中花岗岩的空间分布特征

绥中花岗岩($ArS\gamma$)是深成岩浆侵入体,形成于25亿年前的太古宙,是地球上较古老的花岗岩之一。它在辽西地区的锦州市和葫芦岛市都有分布,但大面积出露主要在绥中县,故名"绥中花岗岩"。

绥中花岗岩的岩石类型众多,主要有花岗岩、黑云母二长花岗岩、花岗闪长岩、碱长花岗岩、黑云母花岗岩、似斑状花岗岩、片麻状花岗岩、片麻状二长花岗岩和片麻状英云闪长岩等类型。

绥中花岗岩在地貌上多构成低缓的丘陵,风化较强,多呈花岗岩风化砂,风化层最厚可达几米。在航片上多呈灰色调,色调均匀,中等密度的树枝尖状水系,冲沟多呈宽缓的"U"字形。

绥中花岗岩的劈理、片麻理等构造多呈近东西向，构成了本区前长城系近东西向古老结晶基底。

在兴城至山海关百余千米的高速公路两侧，在地貌上呈低缓的小山包和宽浅的小冲沟，其地下均为绥中花岗岩的分布。沿途所见的暗红色风化砂及红色土壤均为绥中花岗岩风化的产物。在沿途遇见暗红色的石崖，也是绥中花岗岩的露头。途中所见的大片苹果园和花生地也多种植在绥中花岗岩的风化层之上，这可能与花岗岩中钾元素含量较高有关。

3.2 角山古长城中生界下白垩统义县组(K_1y)火山岩

在游览万里古长城的起点山海关角山古长城时，发现角山古长城脚下的岩石为中生代火山岩（属白垩系义县组 K_1y）（见图 7-6）。岩石类型主要有火山集块岩、安山角砾熔岩和安山玢岩。这些火山岩浆穿透前长城系的片麻岩结晶基底，携带着围岩的集块和角砾空落或溢流到地表，从而形成了古长城脚下的火山岩，而且这些火山岩直接盖在片麻岩之上。

(a)角山古长城(李绪俊拍摄，2007)

(b)角山古长城(李绪俊拍摄，2007)

(c)角山顶上高山湖泊(郑常青拍摄，2007)

(d)角山古长城——烽火台(郑常青拍摄，2008)

图 7-6 角山古长城及其角山景观

火山集块岩分布在火山岩的下部，集块主要由片麻岩组成，而且多数直径在 30 cm 左右，大者在 1 m 以上，多呈角砾状。如此多且大的片麻岩围岩集块密集分布，表明此处离火山口较近，很有可能是 1.4 亿年前的火山喷出口。

安山角砾熔岩：新鲜面为灰褐色，风化面呈灰色，角砾状结构，熔岩胶结，块状构造，角砾粒径多在 3 ~ 5 cm，成分复杂，有片麻岩、花岗岩，以及石英、长石等矿物晶屑，该层厚度较大，是角山古长城脚下火山岩的主体。

安山玢岩：新鲜面为褐色，风化面呈浅灰色，斑状结构，具流动构造，长石斑晶具有定向排列的特点。

从上述火山岩特征看，具有完整的火山喷发旋回，早期为强烈的火山爆发相，形成火山集块、火山角砾,后期为宁静的溢流相,形成安山熔岩。

另外,在火山岩中见东西向的宽约 3 m 的花岗斑岩岩脉侵入。

4 思考题

(1)角山古长城为什么修建在中生代火山岩之上?

(2)角山火山岩喷发大致在什么年代?

(3)角山火山岩可见几种火山岩相?代表性岩石是什么?

项目8 能力拓展

任务1 罗盘的使用技巧

目前,野外与地质实训教学主要使用的地质罗盘为 DQY－1 型地质罗盘仪(见图 8-1),现以该罗盘为例介绍在野外的一些使用技巧。

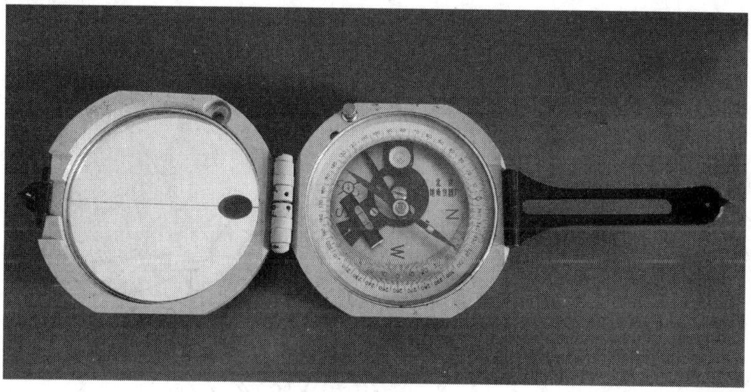

图 8-1 DQY－1 型地质罗盘仪

1 地质罗盘参数性能简介

1.1 磁针阻尼时间

磁针阻尼时间(磁针偏转 90°至停留在原位置上的时间)为 30～60 s。

1.2 读数误差

(1)磁针转动前后所指示之度数误差不大于 0.5°。

(2)磁针在 0°～180°、90°～270°处由于偏心所引起误差不大于 0.5°。

(3)测角器的读数误差不大于 0.5°。

1.3 水准器灵敏度

(1)长水准器为(15′±3′)/2 mm。

(2)圆水准器为(30′±5′)/2 mm。

1.4 仪器外形尺寸

长×宽×高为 85 mm×73 mm×35 mm。

1.5 仪器质量

不超过 0.27 kg。

2 用途

(1)测产状。测面状构造(岩层面、断层面、不整合面等)产状,包括走向、倾向、倾角;测线状构造(擦痕等)产状,包括倾伏向、倾伏角、侧伏向、侧伏角。

(2)地形草测,包括定方位(即交会定点)、测坡角、定水平。

(3)测垂直角。

3 原理、结构

3.1 原理

本仪器是利用一个磁性物体(磁针)具有指明磁子午线的一定方向的特性,配合刻度环的读数,可以确定目标相对于磁子午线的方向。根据两个选定的测点(或已知的测点),可以测出另一个未知目标的位置。

3.2 结构(见图 8-2)

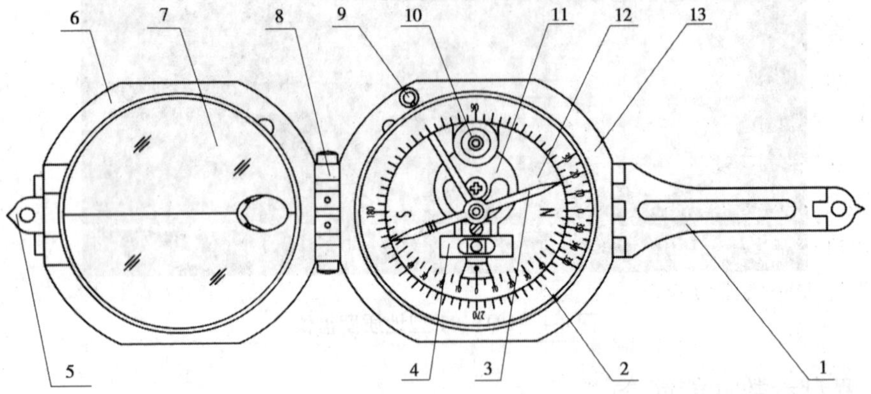

1—长照准器;2—刻度盘;3—磁针;4—长水准器;5—小照准器;6—上盖;7—反光镜;
8—合页;9—开关;10—圆水准器;11—指示盘;12—方向盘;13—外壳

图 8-2 D2Y－1 型地质罗盘仪结构简图

仪器由上盖 6 与外壳 13 通过连接合页 8 构成仪器主体。上盖内装有反光镜 7,可使目标映入镜中。外壳 13 的外部装有长照准器 1,配合小照准器 5,可瞄准目标。外壳内装有刻度盘 2 和磁针 3,可以直接读出目标的方位值,圆水准器 10 可以指示仪器的水平位置。长水准器 4 和指示盘 11 供测量坡角用,可以在方向盘 12 的倾角刻度上直接读数。开关 9 为磁针制动机构,在外壳的外面备有磁偏角调整轴。

该仪器具有结构紧凑、体积小、携带方便、精度可靠、结实耐用、性能稳定等特点。

4 使用方法

4.1 测产状

4.1.1 测面状构造产状

面状构造包括走向、倾向、倾角,见图 8-3。

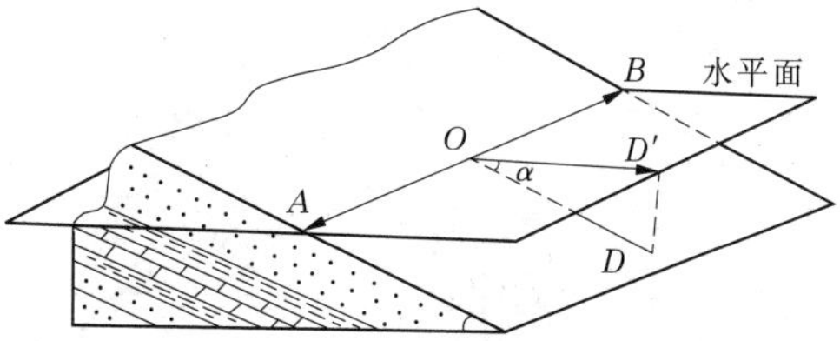

AOB—走向线；OD—倾斜线；OD′—倾向线；→—倾向；∠α—倾角

图8-3　岩层的产状要素

1. 测走向

走向即岩层与水平面交线（走向线）所指的方位，见图8-3中AOB。走向的方位有两个，相差180°，一般记录靠北（N）的方向，即0°～90°、270°～360°区间。

量测方法：将仪器上盖6打开到极限位置，调好本地区的磁偏角，将仪器两个长边靠在岩层的特征面（具有代表性的面，保持圆水泡居中，则读磁针北针（不缠铜丝或白针）所指示的度数，即为岩层的走向。

2. 测倾向

在层面上垂直（向下）岩层走向的直线叫倾斜线（见图8-3中OD），倾斜线在水平面上的投影线叫倾向线（见图8-3中OD′），倾向线所指方位叫倾向。

量测方法：用连接合页8卜边底盘的短边或上盖的背面靠稳岩层的特征面，保持圆水泡居中，则磁针北极所指示的度数即为岩层的倾向。

【小技巧】

在野外找到较圆的砾石岩层面滚下，画下滚下的线路痕迹，罗盘的长边平行痕迹，长照准器指向下（倾向方向），上下动合页，使圆水准器基本居中（不刮罗盘玻璃），这时读出北针指数即为倾向。如找不到合适的砾石，可用水代替。

如在野外遇到的是岩层的背面，可把上盖紧贴岩层背面，使圆水准器居中，这时读磁针南极所指示的度数即为岩层的倾向。

3. 测倾角

倾角指倾斜线与倾向线之间的夹角（也可理解为岩层面与水平面所的锐角二面角）。倾角在铅直的平面内。

量测方法：打开上盖6到极限位置，仪器的侧边垂直于走向而贴紧岩层的特征面，调长水泡居中，读指示器所指的方向盘的度数，即为岩层的倾角。

【小技巧】

在野外测量中，走向和倾向两因素，只需测其中一个就可以，因为走向和倾向是互为90°的关系。测出倾向加减90°即为岩层走向。但测出走向只能加或减90°才是岩层的倾向，在野外一定要根据真实地层倾斜换算好，不能离开现场换算，否则容易把倾向弄反。

用罗盘测岩层产状示意图见图8-4。

4.1.2　测线状构造产状

线状构造包括倾伏向、倾伏角、侧伏向、侧伏角，见图8-5。

1. 测倾伏向

倾伏向是擦痕（见图8-5中AB）在水平面中投影所指的方位（见图8-5中C→B的方

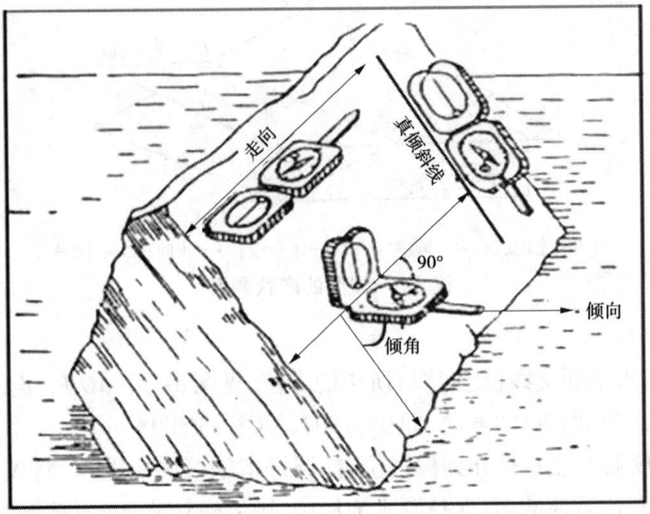

图 8-4　测岩层产状示意图

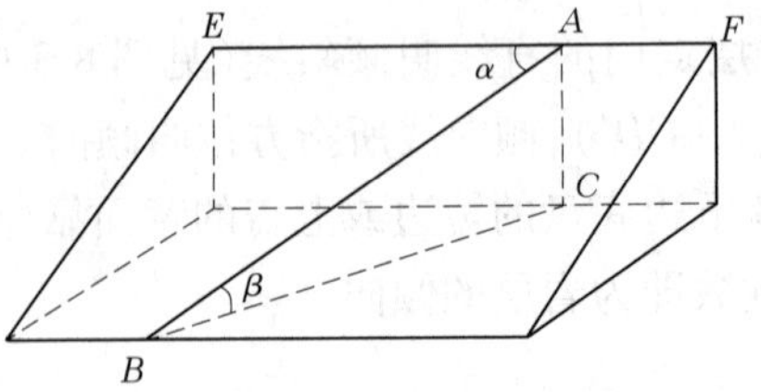

AB—擦痕；EF—擦痕 AB 所在平面的走向线；BC—擦痕 AB 在水平面的投影

图 8-5　线状构造产状要素示意图

向）。

量测方法：用一个棍子将擦痕平移到地面上，打开上盖 6 与外壳垂直，然后把仪器的侧边紧贴棍子，长照准器指向 $C \to B$ 方向，小心调整罗盘，使圆水准器居中，此时读北针方向即为擦痕的倾伏向。

2. 测倾伏角

倾伏角是擦痕（见图 8-5 中 AB）和其在水平面中投影所夹的角（见图 8-5 中 BC）。

量测方法：测倾伏向是混子不动，打开罗盘上盖 6 到极限位置，仪器的侧边贴紧棍子，罗盘面要与铅直面平行，调长水泡居中，读指示器所指的方向盘的度数，即为擦痕的倾伏角。

3. 测侧伏向

倾伏向是擦痕（见图 8-5 中 AB）所在特征面的走向（见图 8-5 中 $A \to E$）。

【小贴士】

按定义侧伏向是两个，一般指擦痕与面的走向所夹锐角一侧的走向。图 8-5 中 $A \to E$ 的方向。

量测方法：将仪器上盖 6 打开到极限位置，调好本地区的磁偏角，将仪器两个长边靠在岩层的特征面，保持圆水泡居中，则读磁针北针所指示的度数，即为擦痕侧伏向。注意长照准器要指向 $A \to E$ 的方向。

4. 测侧伏角

侧伏角是擦痕与其所在特征面走向加的锐角(见图8-5中α)。

量测方法:由于侧伏角一般在倾斜的斜面上,不能直接用罗盘量测。在野外要用硬一些的纸把α描下来,然后立成铅直面,用罗盘量测,方法同测倾角、倾伏角。

4.2 地形草测

地形草测包括定方位、测坡角、定水平线。

4.2.1 定方位

定方位即测定目标所处的方向和位置。定方位也叫交会定点。

1. 当目标在视线(水平线)上方时的测量方法

右手握紧仪器,上盖背面向着观察者,手臂贴紧身体,以减少抖动,左手调整长照准器和反光镜,转动身体,使目标、长照准尖的像同时映入反光镜,并为镜线所平分,保持圆水泡居中,则读磁针北极所指示的度数,即为该目标所处的方向。

按照同样的方法,在另一测点对该目标进行测量,这样两个测点对同一目标进行的测量得出两线沿着测出的度数,相交于目标,就得出目标的位置。

2. 当目标在视线(水平线)下方时的测量方法

右手紧握仪器,反光镜在观察者的对面,手臂同样贴紧身体,以减少抖动。左手调整长照准器和上盖,转动身体,使目标、照准尖同时映入反光镜的椭圆孔中,并为镜线所平分,保持圆水泡居中,则读磁针北极所指示的度数,即为该目标所处的方向。

按照同样的方法,在另测点对该目标进行测量。这样从两个测点对该目标进行测量,得出两线沿着测出的度数,相交于目标,就得出目标的位置。

4.2.2 测坡角

目标到观察者与水平面的夹角。

右手握住仪器外壳和底盘,长照准器在观察者的一方,将仪器平面垂直于水平面,长水泡居下方。左手调整上盖和长照准器,使目标、照准尖的孔同时为反光镜椭圆孔刻线所平分。然后右手中指调整手把,从反光镜中观察长水泡居中,此时指示盘在方向盘上所指示的度数即为该目标的坡角。

如果测某一坡面的坡角,则只需把上盖打开到极限位置,将仪器侧边直接放在该坡面上,调整长水泡居中,读出角度,即为该坡面的坡角(与测产状中的倾角相同)。

4.2.3 定水平线

把长照准器扳至与盒面成一平面,上盖扳至90°,而照准尖竖直,平行上盖,将指示器对准"0",则通过照准尖上的视孔和反光镜椭圆孔的视线,即为水平线。

4.3 测物体的垂直角

把上盖扳到极限位置,用仪器侧面贴紧物体(如钻杆)具有代表性的平面,然后调长水泡居中,此时指示器的读数即为该物体的垂直角。

5 注意事项

(1)磁针和顶针、玛瑙轴承是仪器最主要的零件,应小心保护,保持干净,以免影响磁针的灵敏度。不用时应将仪器关牢。仪器关上后,通过开关和拨杆的动作将磁针自动抬起,使顶针与玛瑙轴承脱离,以免磨坏顶针。

(2)所有合页不要轻易拆卸,以免松动影响精度。

(3)仪器尽量避免高温暴晒,以免水泡漏气失灵。

(4)合页转动部分应经常点些钟表油,以免干磨而折断。

(5)长时期不使用时,应放在通风、干燥的地方,以免发霉。

6 磁偏角与磁倾角

6.1 磁偏角

6.1.1 磁偏角的概念

磁偏角是磁场强度矢量的水平投影与正北方向之间的夹角,即磁子午线与地理子午线之间的夹角,见图 8-6。

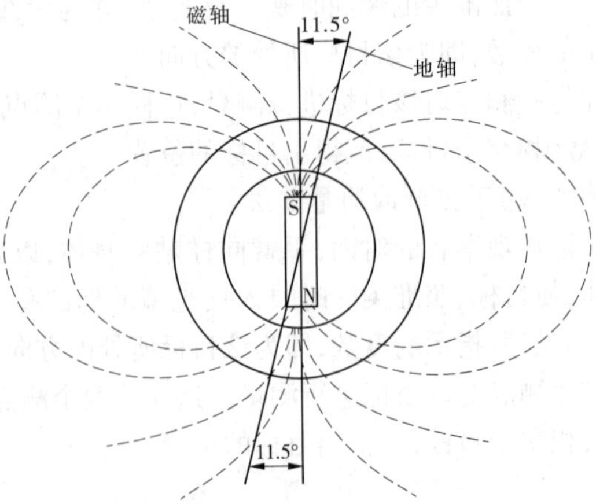

图 8-6 磁偏角示意图

如果磁场强度矢量的指向偏向正北方向以东称东偏,偏向正北方向以西称西偏。磁偏角可以用磁偏测量仪测出来。磁偏角的度数是测量出来的,不是计算出来的。

6.1.2 磁偏角的特征

(1)磁偏角的变化呈现出一定的规律,我国东部地区磁偏角为西偏,甘肃酒泉以西多为东偏。

(2)不同的地方磁偏角不同。

在我国,正常情况下,磁偏角最大可达 11°(漠河),一般情况为 2°~3°。

(3)同一地区磁偏角是变化的。

地球磁场是在不断变化的。它有长期变化和短期变化。地球磁场的短期变化部分,即地球变化磁场;除去短期变化部分,便是地球基本磁场,即偶极磁场。地磁要素的长期变化,来源于地球内部的物质运动。它首先表现为地磁场的向西漂移。例如,0°磁偏线与赤道的交点,近 400 年来已西移 95°。其次,磁场强度有稳定的衰减,近百年来,基本磁场强度衰减了 5%。如果照此速度继续衰减下去,那么,基本磁场将会在 2 000 年后消失。另外,磁极也在移动,如地磁北极的纬度逐年递增 0.004°,其经度每年向西增加 0.007°。

6.1.3 磁偏角的调整

罗盘量的方向是地球磁场(磁力线)的方向,而我们要用的是地球的地理方位,为了使罗盘量测出的是地理方位，就要调整罗盘刻度盘。怎么调呢？查出工作区的磁偏角。如兴城地区为西偏6°，拿出拨片调整罗盘侧面的磁偏角调整轴，要西偏东拨，即使刻度盘向东转动，让小白点对准刻度盘354°即调整完毕，如果东偏则西拨。

6.2 磁倾角

6.2.1 磁倾角概念

磁倾角为磁针和水平方向形成的夹角（地磁场水平分力 H 与地磁总力 T 之间的夹角），见图8-7。

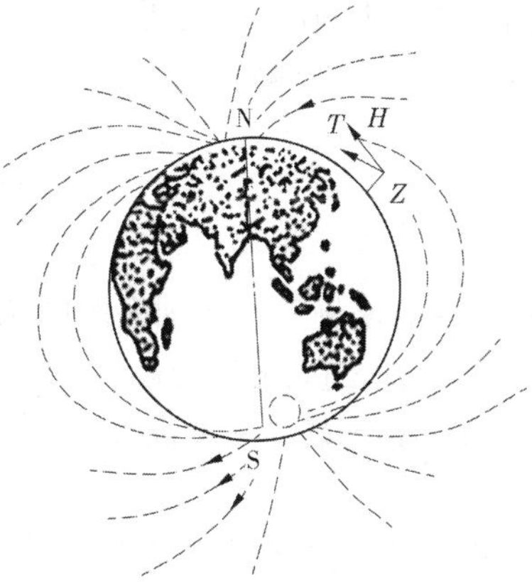

图8-7 磁倾角示意图

人们规定，磁针指北端向下倾的时候，磁倾角是正的，向上翘是负的。因此，在北半球磁倾角是正的，在南半球磁倾角是负的。

6.2.2 磁倾角特征

（1）在地球上各个地方，磁倾角也不同。它在0°到90°和0°到－90°的范围里变化。

（2）如果把磁倾角是零的各个点连起来，形成的连线叫作地磁赤道。磁倾角相等的线叫作等磁倾线。

（3）地磁赤道越往北，磁针的指北端越向下倾，磁倾角越大；从地磁赤道越往南，磁针的指北端越向上翘。在北极附近，磁针会直立起来，磁倾角变成90°，这个地方就是地磁南极；在南极附近，磁针又直立起来，磁倾角变成－90°，这个地方就是地磁北极。

6.2.3 磁倾角的调整

通过上述知道各地区存在磁倾角，且不同纬度的磁倾角是不同的。磁倾角的调整是罗盘在出厂时就把磁南针缠上几圈铜丝，这样在北半球（我国属于北半球）使用罗盘时，磁针就基本与地表平行了。注意：赤道附近是不用缠铜丝的，在南半球要把南针缠上铜丝。

任务2 如何画信手剖面图

1 概述

横穿构造线走向进行综合地质观察时，应绘制信手地质制面图，它表示横穿过构造线方向上地质构造在地表以下的情况，这是一种综合性的图件，既要表示出地层，又要表示出构造，还要表示火成岩和其他地质现象，地形起伏、地物名称，以及其他需要表示的综合性内容。

绘好信手地质剖面图是地质工作者的一项重要基本功，必须掌握。信手地质剖面图中的地形起伏轮廓是目估的，但要基本上反映实际情况，各种地质体之间的相对距离也是目测的，应基本正确，各地质体的产状则是实测的，绘图时，应力求准确。

2 内容

图上内容应包括图名、剖面方向、比例尺（一般要求水平比例尺和垂直比例尺一致）、地形的轮廓，地层的层序、位置、代号、产状，岩体符号、岩体出露位置、岩性和代号，断层位置、性质、产状，地物名称等。

3 具体绘图步骤

（1）估计路线总长度，选择作图的比例尺。使剖面图的长度尽量控制在记录簿的长度以内，当然，如果路线长，地质内容复杂，剖面可以绘得长一些

（2）绘地形线。目估水平距离和地形转折点的高差，准确判断山坡坡度、山体大小。

【小技巧】

初学者易犯的错误是将山坡画陡了。一般人能爬上去的（不借助外物）山坡不超过30°，更陡的山坡人是难以顺利通过的。初学者另外易犯的错误是将距离估计长。可采用步量的方法，正常人的步长为0.75 m左右。

（3）在地形线的相应点上按实测的层面和断层面产状，画出各地层分界面和断层面的位置、倾向及倾角。在相应的部位画出岩体的位置和形态。相应层用线条连接，以反映褶皱的存在和横剖面的特征。

【小技巧】

信手剖面图画岩层倾斜方向时，当剖面线方位角与倾向夹角小于90°时，倾斜向右（剖面前进方向）。当剖面线方位角与倾向夹角大于90°时，倾斜向左（剖面前进反方向）。岩层倾角要画视倾角，初学者往往会把视倾角画得很大。

（4）标注地层、岩体的岩性花纹、断层的动向、地层和岩体的代号、化石产地、取样位置等。

（5）写出图名、比例尺、剖面方向、地物名称、绘制图例符号及其说明，如为习惯用的图例，可以省略。

【小贴士】

从作图技巧方面来说，应注意以下三个“准确”：

（1）地形剖面图要画准确。

（2）标志层和重要地质界线的位置要画准确，如断层位置、煤系地层位置、火成岩体位置等。

（3）岩层产状要画准确，尤其是倾向不能画反。倾角大小要符合实际情况。此外，线条花纹要细致、均匀、美观，字体要工整，各项注记的布局要合理。

任务3 地质素描图的画法

1 概述

地质素描图是从地质观点出发,运用透视原理和绘画技巧来表达地质现象或地质作用的画幅。野外勾绘的地质素描图,通常是在调查观察过程中进行的,往往要求在较短的时间内完成,一般就在自己野外记录本上用铅笔或钢笔画,不可能精工细作,故又称“地质素描草图”。

2 遵循法则

地质素描也遵循素描的透视七大法则:①近高远低;②近大远小;③近宽远窄;④近前远后;⑤近下远上;⑥近清远朦;⑦近弯远直。

3 地质素描的优越性

地质素描比地质摄影优点多。地质素描除不受天气、镜头取景范围、近景与远景的限制和比较经济等优点外,更重要的是,当我们分析某种地质现象,认为哪些特征应当强调,哪些附属物或近旁的草木对这些特征有所干扰而应当排除时,若采用照相的办法,忠实于客观景物的复制,就会主次不分,不能突出地质内容,收不到应有的效果。若采用素描技术处理,则完全可以根据观察者的需要,对各种地质现象特征和附近的景物有所取舍,该突出哪些,该精简哪些,都任凭自己的运笔予以描绘和体现。

事实表明,一份地质调查报告,如果能充分运用地质素描,既有助于揭示和说明问题的现象本质,又可避免一些不必要的文字叙述,做到简明扼要、文图并茂,效果更佳。

4 地质素描的种类

地质素描按其内容,最常见的有下列几种类型:

(1)地层素描。素描对象是地层,表示地层层位关系、地层特征等。要重点画出地层的厚度、岩性、地层之间的接触关系、在剖面上的延伸情况、化石、矿化、采样点等。

(2)褶皱素描。在素描动笔前,应首先琢磨哪一层可作为“标志层”和这个“标志层”的岩性特征以及如何表达的素描技法。到素描时,对“标志层”可着重描绘,以求褶皱形态充分显示出来。

(3)断层素描。与褶皱一样,应先找出它的“标志层”,以此判断断层两盘的相对动向,确定断层类型。

(4)节理素描。素描时主要应把几组不同方向的节理表现清楚,注意各组间的交角大小和各组节理的宽度大小符合实际和透视原理。几组节理相交或相互错动时要观察分析它们的相互交切关系后再画。

(5)地貌素描。地貌素描是一类视野颇大的素描,从地质角度考虑,主要是表现地貌特征与岩石性质、地质构造的关系,或表现风化、水流侵蚀、冰川、火山、地震等地质作用与地貌的关系。

5 地质素描的基本步骤

(1)标出图名、方位、确定比例尺。把图名写在素描图的正上方。将方位标在图的左上角。比例尺标在图名的正下方。选定素描对象的范围,确定景物在画框内的位置。安排主要对象和次要对象的大小比例及其相对位置关系,并在图框内勾画出其范围。

(2)勾画景物(或地质体)的轮廓线。主要是抓住外形轮廓,如山脊、陡崖、河床、阶地、层面、断层之类。勾画时先近后远,近处画得细致、清晰、浓重,远处画得粗略、轻淡、隐约。

(3)尽量符合透视原理来运笔。在轮廓线勾画就绪的基础上,加阴影线。这一步骤主要是掌握景物形象的立体感,使其逼真如实。适当画些背景或衬托物,使其美观。

(4)标出文字说明。为了清楚地表达画面的内容,可在景物(或地质体)附近标上必要的文字,如村庄、地层年代符号或其他符号等,最后写上测量数据、画出图例及其他必要的说明。

任务4 区域地质调查工作方法

区域地质调查是一项系统的、重要的地球科学研究工作,涉及的知识、方法和内容很多,其工作程序和要求也有严格的规范。区域地质调查的教学实习与正规的生产和科研相比存在着一定差异,所以不能全面对其有关的知识和方法进行阐述,仅按课程标准的要求和野外教学实训的特点做简要介绍。

1 区域地质调查基本知识

1.1 区域地质调查类型

区域地质调查又被简称为区调,是一项多学科综合性地球科学研究工作,是按照一定的任务和相应的科学规范要求在某一地区进行地质矿产研究和地质填图工作的总称。最终编制的图件,除地质图外,还要根据需要编制矿产分布规律图和预测图,地球物理、地球化学、水文地质、工程地质、灾害地质、环境地质、城市地质等专门图件。

从不同的角度出发可将区域地质调查分为若干类型:以方法或学科划分则有地质的、地球物理的和地球化学的;按研究的对象则可分为专题性的和综合性的;据任务的来源也可划分为生产性的和科学研究性的。若以地质的方法为主要手段,根据地质调查的精度要求,即对工作区内地质矿产等方面的研究要求达到的详细和准确程度,按所填地质图比例尺大小来划分,并以国际地形图分幅为成图单位。

1.1.1 小比例尺区域地质调查

这种类型地质调查又称概略地质调查,其运用比例尺为1:100万和1:50万。地质调查和地质填图路线的间距分别为10 km、5 km左右,即在相应比例尺的地形图上路线间距为1 cm左右。该类型区域地质调查被安排在地质空白区或地质研究程度低的地区。其主要任务是测制上述相应比例尺的地质图,并概略性地研究测区的地质构造,发现找矿远景区等。

1.1.2 中比例尺区域地质调查

这种地质调查类型又称区域地质调查,其运用比例尺为1:20万和1:10万。地质调查和地质填图路线的间距分别为2 km、1 km左右。该类型地质调查被部署在经上述小比例尺调查所发现的有利成矿远景区内。其主要任务是比较详细地研究测区内地质构造情况并进行相应比例尺的地质填图工作;同时运用地质、地球化学、地球物理等手段进行找矿工作,以及对测区内可能存在的矿产开展普查工作;查明矿产分布规律并圈定有利成矿地段或详查区段。

1.1.3 中、大比例尺区域地质调查

这种地质调查类型又称详细地质调查,其运用比例尺为1∶5万和1∶2.5万。地质调查和地质填图路线间距按比例尺大小相应地为500 m、250 m左右。该类型的地质调查一般部署在已经被圈定的有利成矿地段或已知矿区的周围,或在地质构造某一方面具有特殊意义的地区。其主要任务是详细查明测区地质构造并进行地质填图工作,同时对能控制测区主要矿产形成和产出的地质构造区段进行深入研究,将有关内容反映在地质图及矿产图上。对测区主要矿产应做详尽研究,对已发现的矿点、矿化点和矿床均应做出地质评价。

1.1.4 大比例尺区域地质调查

这种地质调查类型又称矿区大比例详查,其运用比例尺为1∶1万和1∶2 000。地质调查和地质填图路线间距按比例尺大小相应地为100 m、20 m左右。主要部署在成矿条件优越的地段,矿区大比例详查工作为矿山建设设计提供矿产资源/储量和开采技术条件等地质资料,以减少开发风险并获得最大的经济效益。

对某一地区地质调查、研究的精度和工作程度,随着所运用的比例尺大小不同而存在差异。区域地质调查工作的部署程序一般是先进行小比例尺地质调查工作,然后依次为中比例尺、中大比例尺、大比例尺地质调查工作,随着所运用的比例尺由小到大的变更,实际反映了工作程度的深入和研究精度的提高。

1.2 任务及要求

区域地质调查或地质填图所要完成的各项任务是由其工作性质所确定的,各项任务的精度和工作程度则与前述的区调类型不同而有所差异,这些都在地质调查规范和主管部门下达的任务书中得到体现。区域地质调查所要完成的主要任务包括以下几个方面。

1.2.1 沉积学和地层学

查明测区内地层时代,各时代地层的岩性、岩性变化及组合特征,地层的厚度及其变化,各地层间的接触关系及其类型;建立区内地层系统,划分地层填图单位和标志,开展沉积岩区地质填图工作;收集沉积地层、生物地层、古生态及生态地层、事件地层等地层资料,研究测区内沉积地层的类型和空间变化规律,分析其形成时的古地理和古构造环境。

1.2.2 岩浆岩岩石学

查明测区内岩浆岩的类型和期次,不同类型岩浆岩的岩石学和岩石地球化学特征,岩体的规模、产状、空间形态、岩体的流动构造、塑性变形构造和破裂构造,岩体与围岩的接触关系;要求对复式岩体进行区分(单元、超单元的建立与归纳),并确定填图单位,开展岩浆岩区的地质填图工作;研究区内各类侵入体的成因机制、形成时代、构造条件及大地构造(区域构造)背景。

1.2.3 变质岩岩石学

查明测区内变质岩的类型及其岩石学和地球化学特征;划分变质相带;进行原岩恢复工作;划分不同的变质岩群或不同的变质地体;确定填图单位并开展变质岩区的地质填图工作;根据同位素年龄、叠加变质作用、变质岩群的产状和接触关系、不同期次叠加构造样式及

特征、区域构造的条件和背景，综合研究变质作用发生的时代、期次和变质岩形成时的大地构造背景。

1.2.4 构造地质学

查明测区内不同类型、不同样式、不同尺度、不同层次、不同期次的构造变形特征；根据其叠加、置换、交切及区域角度不整合等关系，利用构造解析方法，厘定变形序次及变形事件的时代；通过对变形机制的研究来分析多次变形作用的运动学和动力学特征；综合分析测区内沉积岩、变质岩、岩浆岩等方面的发育特点，确定测区的大地构造属性，厘定内部构造单元，并阐明其相互关系及大地构造演化历史。

1.2.5 矿产

对发现的矿点、矿化点进行检查；对已知矿产要收集资料进行研究，以查明测区内的矿产种类、规模及它们的成因类型；分析各类矿产与地质作用的成因关系和时空分布规律；将所取得的矿产成果编绘于矿产图上；通过各方面资料的综合研究，提出找矿方向。

除上述各项任务和研究内容外，有时还需根据具体情况和特殊要求进行适当调整或稍有变更，所有这些都在主管部门下达的任务书中有明确的规定。所以，在区域地质调查过程中应严格执行规范，并按照任务书要求完成各项任务，以保证通过检查验收并获得优秀成果。

2 区域地质调查的工作程序

一项区调任务的完成大致可划分为三个阶段，即准备阶段、野外地质矿产调查和野外资料验收阶段及室内整理阶段。从目前我国的实际情况出发，在现行操作执行过程中则按次序划分为下面几个工作阶段。

2.1 确立任务及签订合同阶段

不管以何种形式或途径获得的对某一地区进行区域地质调查的任务，承担和执行任务的单位均需与主管部门签订合同以明确双方的关系、义务与法律责任。合同书由主管部门与承担任务单位协商拟定，其内容包括主体任务、完成时间、经费及其管理、双方承担的义务与责任等。与此同时下达区域地质调查任务书。区域地质调查任务书一般由主管部门提出并征求承担者的意见，其内容包括地调图的位置、面积大小、比例尺、完成的起止时间，以及对地质矿产研究程度和成果的质量要求等。

2.2 编写及审批设计阶段

地调工作的设计由承担任务的单位编写完成。编写时要以主管部门下达的任务书和相应比例尺地调工作规范要求，以及测区自然经济地理和地质矿产等为依据。设计书的内容一般包含以下几个组成部分：

(1)前言(简述任务及任务来源、测区自然地理及经济地理概况、地质矿产调查简史)。

(2)测区地质矿产概况及存在的主要问题。

(3)地质矿产调查研究的主要内容和预期成果。

(4)拟采取的研究方法和技术路线。

(5)组织管理及参加人员。

(6)工作总体安排与进度。

(7)经费及其使用预算。

为了更好地完成高质量的设计并为后续开展的诸项工作打下良好基础，任务承担者除了充分理解任务书的各项任务、要求和规范中的各项指标和规定外，还应做好以下几项工作。

2.2.1 收集测区和邻区的地质矿产资料并对其进行综合分析研究

收集资料的主要项目有：

(1)有关调查区现有的全部地质矿产成果。如各种地质调查、矿产普查勘探、物探、化探、水文地质及其他专题研究等方面的报告、已发表或未发表的论文、图件以及有关实际资料档案等。

(2)有关调查区自然、经济地理资料，以及交通运输条件和物资供应情况等。

(3)前人在调查区内采集的矿物、岩石、古生物等标本和切片、钻孔岩芯以及邻区有关标本等实物资料。

(4)调查区内工农业建设、工程建筑等有关情况，以及它们对地质工作提出的要求和问题。

对所收集的全部资料应分门别类加以整理，编制资料文献目录及资料卡片，建立资料档案，同时编制测区地质矿产研究程度图和地质矿产略图。

2.2.2 对遥感资料(航片、卫片、航空物探资料等)进行初步解译

除对航片、卫片进行解译外，还需根据航空物探异常进行找矿远景预测分析，以及利用航空物探资料进行地质构造分析等。根据已知资料和图片，并结合航空资料解译的初步成果，编制出地质解译草图。

2.2.3 对测区进行野外现场踏勘

野外现场踏勘是准备阶段的一个重要环节。现场实地踏勘获得的第一手资料是设计的直接依据。野外踏勘应在初步了解测区自然地理、地质矿产资料的基础上并带着问题而进行的工作。野外踏勘的方法常采用地面踏勘，有条件的则可配合航空目测踏勘。野外踏勘的具体任务和内容如下：

(1)了解区域地质概况。其中包括基岩分布和裸露程度；主要地层单位的特征和填图单位的划分标志；各类地质体的主要特征、分布范围和接触关系；构造变形的程度和主要样式，确定调查区地质构造的复杂程度，划分构造类型；选择实测剖面的位置等。

(2)了解区域矿产概况。其中包括调查区内矿产的种类、已知矿产的找矿标志、区域成矿条件以及可能含矿地质体的大致范围，初步确定进一步找矿方向等。

(3)了解区域自然和经济地理概况。区域自然和经济地理概况包括地形地貌特征、交通运输条件、气候变化、居民点的分布等。选择基地位置并确定适于野外工作的季节等。

(4)检查有关资料。检查内容包括前人成果的质量及其可利用的程度，抽样调查航空资料的解译成果等。

2.2.4 编制工作设计

在综合分析各方面资料的基础上，经过充分的调查研究完成设计书后，还应由主管部门聘请有关专家进行审查，待批准后才能组织实施。由于设计书中已概括了任务书及相应的规范要求，因而只要经主管部门批准，就成为检查、验收质量的主要依据。在实施的过程中，主管部门与承担任务的单位或由于提出某些新的要求，或由于遇到某些新的问题而与任务书和设计书发生矛盾时，双方应及时联系协商解决，并以来件的形式备案。

2.3 野外作业阶段

野外作业含野外地质矿产调查及野外资料验收等诸项野外工作。该阶段为区域地质调查工作的主体，所占用的时间为完成总体任务时间的一半或更多。该阶段的工作能否顺利进行涉及诸多因素，主要取决于全队对测区地质构造的认识水平，工作方法运用是否合适，各类地质体填图单位划分是否合理、统一，点线布置、观察的精度是否达到要求，各种原始资料相互符合程度以及良好的组织管理与协调工作。该阶段的工作程序一般经历测区踏勘统一认识、统一要求和统一方法；实测地层或地质剖面；分组进行调查和地质填图进行路线复查和专题研究等过程。在矿产普查方面，在中比例尺和大比例尺的区域地质调查工作中，一般分矿产检查、重砂、金属量和物探四个组开展工作。矿产检查组多从已知矿床矿点、矿化点工作入手，然后对有前景区段进行深入研究并做出地质评价。重砂、金属量的工作应在野外按一定要求取样，经室内鉴定并根据其测试结果编出异常图，然后对其复查并做出评价。

野外验收工作由主管部门进行，安排在野外地质调查和填图工作完成之后。届时任务承担单位应提供野外记录簿、野外地质手图、野外地质清绘图和实际材料图，以及其他各种详细的原始资料。必要时尚需选择适量的、重要的野外路线进行实地检查验收。上述检查验收合格者将被批准转入最终室内工作，验收过程中发现的某些问题必须进行野外研究补课，按要求完成后才能转入下一阶段的工作。

2.4 最终成果编制及验收阶段

该阶段主要工作是对原始资料进行整理、复核，并在综合研究的基础上，完成图幅的区调报告、图幅说明书、地层实测剖面图、地质实际材料图、地质图、构造纲要图和矿产分布图等评审稿的编制工作。在上述各项任务完成后，将与各种原始资料一起提交到主管部门，由主管部门组织评审验收。

2.5 出版与资料归档阶段

该阶段的主要任务是在成果验收后进行复制及正式出版工作。正式出版且公开发行的成果有地质图、构造纲要图和图幅说明书。地质矿产报告及其所附的实际材料图、实测剖面图等图件作为内部资料存档或交流使用，这是实际资料最齐全、区域地质调查内容最丰富、信息储存量最大和实用价值最高的一份地球科学研究成果。应归档的资料除上述成果外，还包括各种原始资料、化石、标本等，归档时应附有资料清单，与资料归档管理人员逐一核对并办理有关手续。

3 区域地质调查野外工作方法简介

区域地质调查所涉及的方法包括地质的、地球物理的、地球化学的以及遥感地质的等多种方法。就地质方法而言也可分为数种。根据教学实习的具体情况和要求，仅将野外地质调查的一般工作方法进行简单介绍。

3.1 地质罗盘的使用及产状要素的测定

地质罗盘的正确使用及各类地质体产状要素的测定是一个地质工作者应熟练掌握的最基本的技能之一。

3.1.1 磁偏角校正

各地区的磁北方向与真北方向并非完全一致，二者之间的夹角称为磁偏角。为了在地形图上正确地标定地质要素的地理方位，野外工作首先要对罗盘进行磁偏角校正，使其读数能直接代表地理方位。磁偏角可以从测区正规的地形图上查到，东偏取“+”，西偏取“-”。校正的方法是拨动其刻度盘。例如，兴城地区磁偏角为西偏5°25′(即为-5°25′)，拨动罗盘的刻度盘，使360°-5°25′=354°35′的刻度对准罗盘内侧圆周上的固定标记(原0°位置)，即可消除因磁偏角引起的读数误差。

3.1.2 面状构造要素测量

各种地质界面(地层层面、片理面、片麻理面、劈理面、节理面、断层面)和岩浆岩体中的面状流动构造(流面)皆可视为面状构造。现以地层层面为例，介绍面状构造要素的测量步骤和方法。首先在层面上测出任一水平线，其两端的方位为地层的走向(也可在地层层面上滴水，则水流方向代表地层的倾向，与其垂直画一条线即为岩层走向线)，将罗盘后端底线与走向线重合并使罗盘水平(圆水准器上水泡居中)，这时罗盘北针所指读数为地层的倾向。再将罗盘侧边紧贴地层层面并垂直于地层走向线，旋转测斜器并使水准器水泡居中，测斜针所指读数为地层的倾角。

有时由于地层的上层面出露不好或由于露头所限只能测量岩层底面，这时如以罗盘N端指向地层的倾斜方向，则读罗盘北针所指的刻度；如以罗盘S端指向地层的倾斜方向，则读罗盘的指南针所指刻度。倾角测量方法同前。

易直接测量的面状构造进行产状更素的测量。在某些情况下可借助野外记录簿、图夹、硬纸板对某些暴露不佳或受到某种限制而不易直接测量的面状构造进行产状要素的测量。具体做法是将上述物件放置于与被测面相当或平行的位置上，再用罗盘在野外记录簿、图夹或硬纸板上进行测量。如某节理面暴露范围有限，则可用硬纸板以相应的状态插入后在硬纸板上进行测量。此法需要二人配合，以保证测量的精度。

3.1.3 线状构造要素测量

诸如矿物生长线理、皱纹线理、交面线理、石香肠构造、窗棂构造、杆状构造、擦痕、褶皱枢纽以及岩浆岩体中的线状流动构造(流线)皆可视为线状构造。线状构造要素的产状通常用倾伏向和倾伏角表示。

倾伏向和倾伏角的测量，在多数情况下需借助于铅笔、木棒或地质锤柄等工具，将其置于与被测线状构造一致或平行的位置上，再用罗盘在锤柄等物件上进行测量。罗盘N端要指向构造线的倾伏方向且使其水平，罗盘轴线必须投影在锤柄之上或与其平行，此时罗盘指北针所指的读数为线状构造的倾伏向。将罗盘侧边置于锤柄之上，紧贴或与其平行均可，但罗盘面必须垂直地面，此时测斜针所指读数为线状构造的倾伏角。为保证测量的精度和准确性，也需要二人配合操作。

当线状构造包含在某一倾斜平面内时(在断层滑动面上或层间滑动面上发育的线理，如擦痕)，该线状构造与该平面走向线间所夹的锐角即为该线状构造在那个面上的侧伏角。侧伏向则是指构成上述锐夹角的走向线的那一端的大致方向，借助罗盘和半圆仪(半圆量角器)即可进行测量。需要指出的是，线状构造侧伏的表示方法必须借助于线状构造所在面的产状。

3.1.4 原生构造标志产状要素的测量

对沉积岩中各种具有定向意义的原生构造标志如波痕、斜层理、定向砾石以及象形印模等的原始产状，即未经构造变动前的产状要素进行测量，是在区域地质调查过程中为研究古地理环境和沉积物的分布规律而进行的一项细致的工作。原始方位的分析是建立在对大量野外实测数据进行统计分析基础上的一项工作，而将野外测定的、因受构造作用影响而变动的产状换算成原始产状，需用吴氏网图解法进行，因而工作量十分庞大。为了提高工作效率，可借助于专门的仪器或工具在野外露头上直接测得原始产状数据。现在，也可以编制运算程序，利用计算机高效率地计算出原始产状。

3.1.5 测定产状要素的技术要求

上述各种要素的测定及有关数据的收集都应注意其可靠性、代表性和系统性。

所谓可靠性，就是判断所测露头是否为基岩，是否因受到滑坡、山崩及塌陷等作用影响而使其空间位置发生了变化。这些非构造因素可影响一定的范围。非构造变动现象在软弱岩层如泥岩、页岩、千枚岩、片岩及含煤地层中经常见到，所发育的次生产状会使地层层序紊乱或歪曲地质构造现象，所以在测量产状之前要认真观察分析，判别真、假产状是非常重要的。另外，即使在基岩真正出露的地段，由于较强烈的构造变形而发育的诸如劈理、节理等次生面状构造也容易与原始层理相混淆，所以要在野外仔细追索、观察研究并严格区分。鉴别层理与次生构造面理并分别测量、记录、统计是构造地质学研究的一个重要手段。

测量产状要素时还要注意观察所选择的面状构造或线状构造是否具有代表性。以层理为例，当岩层产状在较大范围内比较稳定且层面较为平整时，在该层面上任选一点进行产状要素测定皆具有代表性。但由于受原生的、次生的、构造的、非构造的等诸多因素影响，在某一地段的岩层产状则可能发生局部变化，所以要进行一定的追索，并在宏观上观察其总体产状特征，以选择具有代表性者进行测量。尤其要注意的是，在构造变形强烈、构造现象复杂的地段就很难选择具有代表性者进行测量。因为在近距离内产状变化很大，褶皱不同部位的产状都不一致。在此种情况下，如果不同级别的褶皱具有成因联系且为同期产物，次级褶皱的包络面则可反映大一级褶皱的形态，所以可以将包络面视为简化了的大一级褶皱的地层界面，其产状要素可代表某一露头上复杂褶皱的面状构造的总体平均产状。

注意产状要素的系统性是为了掌握某一地质体或某构造在空间的展布状态及变化规律，所以在路线地质观察中，应随时注意其产状要素的变化并进行系统测定。在褶皱的两翼、转折端、倾伏端、角度不整合面及其上下岩层、断层面及其两盘岩层、侵入岩体的接触面等地质构造的关键部位，都应当有产状要素测量数据的控制，以便真实地反映被研究的地质体或构造的空间轮廓和形态。

3.1.6 产状数据的标绘及记录

产状数据的表示在多数情况下用自 0° ~360°的倾向方位角和倾角(0° ~90°)来表示。例如 60°∠55°，表示该地质界面倾向的方位角(倾向)为 60°，倾角为 55°。又如 220°∠60°，则表示该地质界面的倾向为 220°，倾角为 60°。这种表示方法对于换算走向数据也较为方便，因走向垂直于倾向，若需用前者数据，通过加或减 90 即可获得。

不同性质、不同期次的面理和线理标绘在有关的地质图、构造纲要图上时，一定要和图例相符并要求规范化和标准化。以岩层的产状为例，代表走向的线条与倾向的线条的长短比例要严格地按照规定且保证互相垂直，用半圆仪在图面上认真地标绘，不能信手操作。为减轻图面负担(但又要符合要求，且能准确地在图面上反映出某一地质体或某一构造形态特征和展布规律)，当野外测定的大量产状要素数据不可能全部标绘在地质图和相关的图件上时，应根据相应地质调查比例尺的要求，认真地进行趋势分析和筛选，选择能客观真实地反映地质构造特征的代表性数据标绘在图面上。

实地测得的产状要素数据要分门别类地如实记录在野外记录簿或有关卡片、图表上。如不同期的面理可用S_0、S_1、S_2等，不同期的线理可用L_0、L_1、L_2等来表示。同时还应分别注明其构造属性，如层理、劈理、轴面或生长线理、石香肠构造、褶皱枢纽等。在产状数据的记录中要详细注明测量点的地理位置，如位于某观察点的某个方位或路线地质上距某观察点的方位和距离、地层层位、构造部位等。对某种产状要素的构造意义暂不能确定时，则应注明“可能是节理”“可能是窗棂构造”等，对某种地质界面或结构要素的空间变化情况必须详细地加以记录描述。

3.2 地质实测剖面的选择与测制

3.2.1 沉积岩区地层实测剖面

具体内容见项目5任务4。

3.2.2 岩浆岩侵入体实测剖面

以上是以沉积岩区地层实测剖面为例，对地质剖面的选择原则和测制方法进行了较为详细的阐述。考虑到测制方法的相似性，下面对岩浆岩侵入体和变质岩区实测剖面仅做简要介绍。

以花岗岩类深成岩体为例，对侵入岩区测制剖面的目的、剖面位置和比例尺的选择以及测制的内容和具体要求给予说明。

3.2.2.1 测制剖面的目的

(1)解决深成岩体不同组合类型、深成岩体之间或内部接触关系，划分出单元和归并超单元。

(2)建立岩浆侵入的相对序次，查明深成岩体与围岩的接触关系及深成岩体的形成时代。

(3)研究深成岩体的变形构造及就位机制。

(4)对剖面详细采样以获得单元、超单元的岩石学、岩石化学、地球化学、成岩温度、矿物学、含矿性等方面资料。

(5)查明岩体的结构构造、产状和形态。

3.2.2.2 剖面的选择原则

(1)剖面应选择在基岩露头基本连续、垂直深成岩体内部构造线、上下关系基本清楚且构造简单的地段。

(2)实测剖面可以一个单元为对象测制，也可以一个超单元为对象测制，但要穿过整个应测的侵入体，并包括接触带或蚀变带及部分未变质的围岩。

(3)选择剖面应广泛收集资料，包括前人的研究工作成果和野外踏勘所获得的资料。

3.2.2.3 剖面比例尺

按1∶5万区调指南要求，路线剖面比例尺一般为1∶1万～1∶5 000，实测剖面比例尺一般为1∶5 000～1∶2 000。

3.2.2.4 测制内容和要求

(1)确定深成岩体与周围是侵入接触还是沉积接触或断裂接触，其接触面性质如何(平直的、波状的、锯齿状、树杈状还是顺层贯入的)。

(2)根据深成岩体与其他岩类(沉积岩、变质岩、火山岩)、深成岩体与深成岩体之间，以及深成岩体内部接触关系，确定其形成时代和序次。

(3)划分侵入体(或单元),归并超单元并总结其特点和变化规律。

(4)统计测量叶理和线理,研究分析深成岩体的就位机制。

(5)观察与单元或超单元有成因联系的脉状岩体。

(6)查明接触变质晕的宽度,划分接触变质带。

(7)查明深成岩体形成后的构造变动及其特征。

(8)剖面上按要求应系统取样,其目的要明确、主次要分明,力求样品新鲜、分布均匀并考虑到室内使用方法。

3.2.3 变质岩区实测剖面

变质岩区实测剖面的目的是通过对其深入观察研究,深化认识填图单位的岩石类型、接触关系、变形和变质作用特征、区域构造轮廓、构造样式、构造变形强度以及地质事件演化等,并系统地收集有关各方面的资料,为进一步综合研究和编写地质报告打下基础。

根据变质岩的特征,为更加合理地选择剖面位置,提供充分的地质依据,剖面测制工作一般应在填图单位已确定、各类岩石类型及变形—变质带、区域构造轮廓已基本查明的基础上实施为宜。剖面具体位置的选择及测制要考虑到以下几个方面:

(1)应选择在地质内容齐全、有代表性和露头发育良好的区段进行剖面测制工作。

(2)剖面除应控制所有填图单位并查明它们的接触关系外,还应覆盖不同的变形变质带,并尽可能控制需要重点解决问题的地段。如填图单位齐全、构造简单者是选择的有利地段。

(3)实测剖面一般要求有较好的连续性,但如果露头欠佳或其他因素影响也可分段测制。

(4)剖面应全面地反映所观察到的地质现象,并系统地反映各种构造要素、示顶标志或者示序标志和运动学、动力学标志等观测资料。

(5)按1:5万区调指南要求,实测剖面比例尺一般为1:2 000 ~ 1:5 000,局部复杂地段可适当放大比例尺。

3.3 地质填图方法

3.3.1 准备工作

前已述及的野外踏勘、地质剖面的实测等项工作皆为区域地质调查工作的有机组成部分,也可视为地质填图的前期准备工作。除此之外,在开展地质填图之前,还应做必要的物品和业务准备。

3.3.1.1 地形底图的选择

野外工作所用地形底图的比例尺至少应比最终成果图的比例尺大一倍,如1:5万区域地质调查使用比例尺为1:2.5 万或1:1万地形图;1:20 万区域地质调查使用1:10 万或者1:5万的地形图。在一般情况下,不允许使用将较小比例尺的地形图机械放大制成的地形底图。

地形图准备的数量应根据野外工作组织情况以及编制各种成果图、野外转绘清图的需要确定。同时还应准备少量测区四周邻幅地形图及测区较小比例尺地形图。

3.3.1.2 仪器、装备检查落实

各种测量工具、取样工具,以及必备仪器、装备(包括集体和个人所用)等的检查调试、核对落实。

3.3.1.3 填图单位的最终确定

根据有关规范的精度要求和测区实际情况，在前述踏勘、实测剖面的基础上，所有施测人员要明确填图单位，以便分组填图时按统一的标准进行，并与相邻地质路线（相邻填图小组）进行衔接。不同比例尺的填图单位地质填图精度要求划分到统或组，对前寒武纪复杂变质岩系或由于其他原因而不能细分的地层则划分到系或群；1:20万和1:10万地质填图一般应该划分到组，个别难以划分的地层也应划分到统，前寒武纪变质岩系分布区划分到群或组，褶皱区填图单位厚度超过1 000～1 500 m、水平岩层填图单位厚度超过100～150 m时，应进一步划分或标出标志层；1:5万和1:2.5万地质填图，若厚度较大应在组内填出标志层或分段填图，若厚度很小也可与邻组合并，以统为单位填图。在1:5万和1:25万地质填图时，还应注意褶皱区厚度超过500 m、水平岩层地区厚度超过50 m的填图单位应进一步划分或标出标志层，前寒武纪变质岩区则可划分到组或亚群。

侵入岩区填图尽可能划分期次和相带，按新的填图规范和要求尚要进行单元、超单元的研究、划分和填图工作。变质岩区填图划分到组或段，也可进行变质相、变质带的划分工作。

沉积岩区的填图单位是在地层划分基础上，按照填图比例尺的精度要求确定的。若划分过粗不易反映区域地质构造的细节，划分过细又会使图面的结构复杂化而增加图面的负担。填图单位确定是否合理将直接影响到地质填图的质量，所以，每个填图组的成员都应明白以下几点：

（1）一般情况下，填图单位不能大于地质调查精度所要求的最大地层单位的范围。

（2）每一个填图单位应当有特定的岩性组合，如巨厚的单层、复杂的互层、完整的沉积旋回等。

（3）每一个填图单位要具有明显的识别标志，包括岩石的颜色、成分、结构、沉积构造、区域变质特征、古生物或其组合特征等。

（4）有一定的厚度和出露宽度，每一个填图单位的厚度和出露宽度不能过大或过小，最小的填图单位在图上的表示宽度不小于1 mm。

（5）一个填图单位的特征与其他填图单位要有直观上的区别，如果区别不大，相邻填图单位之间应该有能使二者界线进行区分的标志层。

（6）一个填图单位内部不应包含明显的沉积间断面，如平行不整合面或角度不整合面。被不整合面限制的填图单位，若其出露宽度在图示中不足1 mm时，只能夸大表示，不能与相邻单位合并。

3.3.2 观察路线的布置

按规范要求选择一定的路线进行系统的野外观察是地质填图的基本方法。

3.3.2.1 穿越路线

基本上垂直于地层或区域构造线的走向布置，按一定的间距横穿整个测区。地质人员沿观察路线研究地质剖面并按要求进行其他各项地质观察研究工作，同时标定地质界线。路线之间的地质界线用内插法或"V"字形法则填绘。此方法的优点是能较容易查明层序、接触关系、岩相纵向变化以及地质构造的基本特征，且投入工作量较少。而不足之处是相邻路线之间的地带未能直接观察，连绘的地质界线可能与实际情况有出入，沿走向对地层岩相和厚度等方面变化研究不够，并且可能漏掉某些较为重要的小型地质体、矿点或某些构造，如横断层等。填图比例尺越小，路线间距越大，则上述不足越明显，但在相应比例尺精度要求范围内是允许的。如果能有效地使用遥感地质资料(如航片、卫片),尚可对其进行弥补。

3.3.2.2 追索路线

沿地质体、地质界线及构造的走向布置,用于追索诸如化石层、含矿层、标志层等层位,以及接触界线或断层等。此法可以详细研究地质体的横向变化,特别是对确定接触关系、断层、研究含矿现象等极为有效,并且可以准确地填绘地质界线,适于对专门性问题开展研究。但在整个填图过程中不可能也不必要对所有地质体或地质界线进行追索。

3.3.2.3 全面踏勘路线

若在地质填图或是地质调查过程中,将上述两种方法结合使用即为全面踏勘路线。例如,在穿越路线上,为解决某个问题向路线两侧做短距离追索,或在追索路线中因工作需要而穿越走向研究短剖面,这种方法适于大比例尺地质填图或进行某项专题研究或解决某个地质问题,虽然获得资料丰富准确且研究程度较高,但投入的工作量较大。

观察路线的布置应以预期解决的地质问题为根据,三种方法都是对观察路线与地质构造走向线的关系而言。实际上野外地质观察路线的具体布置还须考虑测区自然地理状况及穿越条件、露头分布情况、基站设置、野外工作组织等因素。每一条具体路线可以是近似直线形,也可以是“之”字形、“U”字形或“S”形。从整个观察路线的布局来说,对地质构造复杂、构造线方向多变;地质体多而分布零散;矿点分布密集的地区;或者地形起伏大、穿越条件差、居民点稀少的地区;或者需数个填图组共同作业等情况下,可围绕工作基站布置梅花形路线网,采用分区推进的办法。如果地质构造简单、矿点较少,或者地形条件有利,则可布置平行路线网。

布置观察路线的基本要求应是既能满足填图比例尺的精度,又能获得必要的地质矿产资料和数据,发挥最好的工作效率。观察路线的布置必须因地制宜,应尽量避免布置多次横穿山脊和沟谷的路线。观察路线网的密度应按相应调查比例尺规范的要求来考虑。不论何种比例尺,其路线间距在图上以1~1.5 cm为宜,不应呆板地布置成均匀的几何网络。应根据地质构造的复杂程度、矿化远景以及遥感图像的解译程度等因素进行加密或放稀。

一般而言,经实地踏勘和遥感图像解译之后,每条路线的观察内容是可以预先设计的,所以每条路线的布置都应该有既定的目的和任务,诸如追索某一标志层接触带、断裂带;观察描述某一部分地层剖面;探索某一地质体的内部构造,研究其接触关系;填绘某些地质界线等,使地质填图工作具有预见性、主动性,避免盲目性。

具有解决地质问题的应变能力是对地质填图工作者的基本要求之一。沿原设计路线工作过程中视地质现象的复杂程度应具有灵活性和创造性,可针对具体情况对原方案进行修改或补充。例如,在穿越路线上发现了诸如矿产标志、化石点、重要断层、不整合界面等重要地质现象时,就应改变原定路线方向而对其进行追索研究。若仍机械地执行原计划而将新发现的重要地质问题遗留下来,将会增加以后补课工作量。另外,也由于问题不能及时解决,必然会影响地质调查工作的深度和精度。

3.3.3 观察点的布置和标测

3.3.3.1 观察点的布置

在野外路线观察过程中,需要及时标定观察点,其作用在于能准确地控制地质界线或地质要素的空间位置;使原始资料的编录条理化、系统化,控制各种地质资料的联系以及文、图资料与实地位置的符合;便于原始资料的整理、查阅和检验工作质量。

观察点的布置以能有效地控制各种地质界线和地质要素为原则。一般应布置在具有明确地质意义的位置,诸如填图单位的界线、标志层、化石点、岩相或岩性明显变化的地点,岩浆岩的接触带和内部相带的界线,蚀变带、矿化点和矿体,褶皱枢纽、褶皱转折端、断层破碎带,节理、劈理测量统计点,线理测量统计点,代表性产状要素的测量统计点,取样点、地质工程(如探槽等)、钻孔位置等。其他有意义的地质现象,如水文点、地貌点、出土文物点也应布置观察点。观察点没有固定的密度要求,不顾及地质意义而机械地等间距布点显然是不允许的。

3.3.3.2 观察点的标测

野外填图过程中在手图(地形图)上标定观察点的位置不能超过规范精度要求的允许误差范围,即不论何种比例尺,一般要求在野外手图上误差不超过 1 mm。当地形地物明显时,可直接目测标定点位。当地形细部特征不明显时,则可借助地质罗盘用后方交会法确定点位,一般应三点交会,其方位线间夹角应大于 45°,以减少绘图误差。如三线相交不在一点而出现视差三角形时,则以其几何中心做点位。在野外工作中常以后方交会法大致确定点位所在范围,之后再据地形地物特征判定观察点的具体位置。

若利用航空像片标定点位,可先在像片上刺点,并在像片背面圈定点位和编号,然后根据地形地物特征转绘到地形图上。

在森林区或切割很深的沟谷等处视野狭窄,要准确判定观察点在地形图上的位置并非易事。为此,必须从已标定的点位开始向前进方向连续不断地进行路线目测,用罗盘测量路线方位、用步测定距离,借此标定待定点的位置。为保证精度要求,应尽可能地攀登高地,在视野较好的地段标定一些控制点,据此对已定点位进行校正。

现在也可采用 GPS 定位仪读出观察点的经纬度,然后再在地形图上标绘观察点的具体位置。

3.3.4 路线地质观察程序

路线地质观察的一般工作程序如下:

(1)标定观察点的位置。

(2)研究与描述露头地质和地貌。

(3)系统测量地质体的产状要素及其他构造要素。

(4)采集标本和样品。

(5)追索与填绘地质界线。

(6)沿前进方向进行路线观察与描述。

(7)测绘信手剖面图、素描剖面图等地质路线剖面图。地质人员在路线上必须连续进行地质观察。当某一观察点工作完毕后,无论沿穿越或追索路线皆应连续观察和记录到下一个观察点,以了解和掌握诸如层序、岩性、产状要素、接触关系、地层厚度等地质要素从这一点到下一点的变化情况。若只孤立地对观察点进行研究描述而放弃路线地质观察,中间缺乏足够的系统性、综合性资料,很难对区域地质特征得出完整的认识。

另外,在地质路线观察过程中还应做到以下几点:

(1)坚持严谨的科学态度和求实的优良作风,坚持实践第一的观点。每个地质工作者都应该努力做到勤追索、勤观测、勤敲打、勤编录、勤思考,不断地进行综合分析并及时在现场检查验证,要对前进途中可能出现的情况做出预测,提高路线调查的预见性和主动性。

(2)详细观察全部客观地质事物,充分收集第一手资料;同时要善于发现问题,抓住关键,重点研究。

(3)不能对地质现象的取舍带有主观性,同时在工作中也要有理论指导,从而避免盲目性。

(4)在地质路线调查过程中,有时会遇到一些反常现象,它们往往具有特殊意义,所以绝不应忽视,否则将会丢掉重要的地质资料线索。

3.3.5 路线观察的编录要求

野外观察内容和收集资料的编录,包括野外记录、地质素描和地质摄影等。

野外记录目前通用的仍为野外记录本。除此之外,为了适应野外资料和数据的电子计算机自动处理而采用各种表格和卡片的形式,也有利用小型磁带录音机进行编录的。现对野外记录本的使用要求和记录内容给予说明。

(1)野外记录本的右页做文字描述,记录项目包括工作日期、观察路线的编号及路线的起始点和经由地点、观察点编号及位置、观察内容和各种测量数据、标本和样品编号等。有关记录格式、观察点及样品编号等应按统一要求进行记录和编录。

(2)每本记录本都应在封面上粘贴编录标签,并编制内容目录。

(3)对观察点和观察线上所见到的全部客观地质事物,原则上都要进行仔细而全面的记录。文字记录要准确、充实,切忌概念含混、词不达意。

(4)记录时必须重点突出、主次分明。对重要的地质现象或首次观察的地质事物要详细描述其主要待征;对一般的或多次见到的情况则可以简略描述,着重记录其出现的特殊性或变化性。

(5)野外记录本中应记录观察者对客观事物的分析判断、推理和综合归纳,以及每条路线的小结,以便及时总结规律、发现问题、深化认识。在文字上应有明确说明,使资料利用者或验收者能一目了然地进行区分,并确定哪些是第一手资料,哪些是观察者的理性认识。

(6)文字描述应当有系统性,由点到面,由表及里,由此及彼,条理分明,前后连贯。对路线地质上的连续观察内容更应将描述对象在空间上的相互关系表达清楚。

(7)文字记录中使用的地质术语应当符合通用惯例,有关专业名词应严格符合其定义或含义。使用略语或代号应当全队统一,并前后一致。

(8)两个观察点之间应有前进方向、距离和地质观察记录。

地质素描是野外地质编录的另一重要形式。记录本左页的方格纸是供做地质素描图或信手剖面图所用。地质人员要养成随时随地画信手剖面和进行地质素描的习惯。面对丰富的地质现象,不要一看就画,应该首先进行认真观察研究,找出规律;在此基础上确定素描主题,分清主次,突出重点;然后选定适当的比物尺、取景距离和角度,并进行绘图。素描线条要简洁,与素描主题无关的景物应当尽量简化,但切忌凭自己主观意图取舍地质内容。按规范要求,一本野外记录本中1/3的页码应附有素描图。

地质摄影比素描图更为真实准确,所以也是地质编录的重要手段。但因受各种景物的干扰,照片上往往会出现地质主题不鲜明的缺陷,所以常需要素描做补充。在野外记录本或专门登记表中也应按要求对每张照片进行详细编录。

3.3.6 地质界线的确定及标绘

地质图是反映各种地质体空间展布规律及相互关系的最基本的原始资料,地质手图上应表示的地质界线必须在野外现场填绘。

3.3.6.1　地质界线的确定

准确地标定地质界线是保证图面结构合理的前提条件。在基岩出露地区可直接根据填图单位的标志及地质体的接触关系来确定地质界线的位置。但在森林、平原、草原、戈壁等植被或土壤发育区,要确定地质界线是比较困难的。除关键部位需采用人工揭露外,更多的则是借助间接标志或其他方法来推测地质界线。

利用残坡积物判断地质界线的方法是,以低处分布的某种岩屑的最高出现位置作为其与不同岩性的界线所在地。利用此法是在已经确立标准地层剖面,对主要界线性质和构造状况都基本清楚的情况下才具有较大的可靠性。

利用地貌特征判断地质界线,特别是利用航空照片进行现场地质解译是比较重要的间接确定地质界线的手段。

在某些情况下利用地球物理、地球化学资料也有助于地质界线的判断或确定。但要注意的是实际情况往往比较复杂,所以要多种手段结合,且相互验证,以保证地质界线确定的可靠性。

3.3.6.2　地质界线的标绘

填图过程中,在图上只填绘按比例尺折算直径大于 2 mm 的闭合地质体的界线和宽度大于 1 mm、长度大于 3 mm 的线状地质体的界线。如果小于上述限度,但其有特殊意义的地质体或断层,可按图的比例尺夸大至 1 mm × 3 mm 表示在图上,但要注意尽量反映其真止的平面形态和产状。

地质界线的标绘在现场根据地质界线的出露情况直接填绘在地形图上,其方法是以观察点为基点,测量地质体产状后,根据“V”字形法则将地质界线沿地层走向向两侧延伸 1/2 线距。在露头好且视野开阔的地段,除由观察点控制的一段地质界线外,还可选择地质构造转折部位、地质界线通过山脊及沟谷底的位置等处,按目测标定观察点的方法遥测一些辅助控制点,然后根据“V”字形法则将整段地质界线连绘出来。

3.4　标本和样品的采集

标本和样品的采集和处理是区域地质调查过程中一项必不可少的工作,需要采集的标本类型繁多,工作量大,所以对采样的总体要求如下:

(1)采样工作应列入设计项目,要充分利用前人有关的测试结果而避免重复浪费。

(2)采样的目的性要明确。

(3)采样应具有代表性和真实性,不准随手捡来源不明的岩块。

(4)一般要采取新鲜岩石。

(5)认真进行标本、样品及分析测试结果的编录工作。根据教学实习的特点和要求,仅对特定标本的采集工作给以简要说明。

3.4.1　岩矿鉴定标本

3.4.1.1　采集要求

对不同类型的岩矿标本有不同的采集要求。

(1)沉积岩标本。对调查区内各时代地层剖面的每种代表性岩石均应按层序系统采集标本,有沉积矿产的地段和沉积韵律发育地段应加密采集。

(2)岩浆岩标本。按岩性、相带、脉岩和填图单位采取代表性的与过渡类型的标本。另外,对析离体、捕虏体、蚀变带、接触带、烘烤边、冷凝边、岩体中穿插的脉岩、与岩体接触的各种围岩等也应采集标本。

(3)变质岩标本。按剖面根据变质程度系统取样,应分别对不同夹层、混合岩(分基质和脉体)系统采集鉴定标本。

(4)矿石标本。据其类型、组分、结构构造、围岩蚀变、矿石和围岩的关系、矿物和脉石间的关系等特征进行采取,同时还应采集供做矿相学研究的光片标本。

3.4.1.2 标本的规格

陈列标本一般不应小于9 cm×6 cm×3 cm;供鉴定者一般不应小于6 cm×4 cm×3 cm;对于矿物晶体、化石、构造等标本则规格不限。尽可能采集新鲜岩石,但可适当保留一点风化面,以便全面再现岩石的野外直观特征。

3.4.1.3 编录和整理

应对采集的标本立即填写标签、登记和编号,以防混乱。在记录本中应注明采样位置和编号。系统采送的鉴定样品应附剖面图或柱状图。送出的样品应留副样,以便核对鉴定成果。

标本和标签应当一起包装,注意不使标签损坏或散失。对于特殊或易磨损者,要用棉花、软纸、发泡塑料等包装。

任何薄片、光片在磨制前,都应根据要求和需要,由送磨人在标本上用笔标出切片部位及范围,这是磨片的基本要求和操作规程。

3.4.2 古生物化石标本

采集的要求及注意事项如下:

(1)实测地层剖面时应逐层采集,在路线地质调查中对可能含化石的层位要仔细耐心地寻找化石。采集时对所有门类的化石都要重视,不能丢弃破碎或畸形的化石标本。

(2)要注意研究化石的赋存状态、形态大小和相对数量,所以应分层采集、分层编录并绘制相关地层剖面图。

(3)不要在野外随意地剔剥、修饰生物的个体,以防损坏重要化石。

(4)发现大型古脊椎动物化石。应先拍照、素描、描述和逐块编号,而后再行采取。

(5)对某些所谓的"哑地层"或特殊地层,可采微体古生物分析样品,如介形虫、孢子、花粉等。

3.4.3 岩组分析定向标本

岩组分析定向标本是为了在室内恢复其野外产状,以及进一步观察测定诸如线理、面理等构造要素而采集的,并为岩组分析标本薄片切制方位的确定以及测定薄片本身的产状服务。

采取前先要对标本定向,即要求在露头,上先准确标明定向符号而后再进行采取。根据不同的地质条件采用不同的定向方法。

3.4.3.1 产状要素法

野外选择诸如层面、片理面、断层面及其他与矿物定向排列直接有关的结构面等明显的定向面,在其上量画出产状要素符号,并在记录中注明,同时也应注明顶、底面。取构造定向标本应尽可能测定b轴的指向。

3.4.3.2 自然方位法

对于一些结构面显示不清的块状构造岩,采样时首先在固定的基岩露头上修凿出 20 cm × 20 cm 的水平面,然后在其上量画出东西、南北方位线,同时测量附近的岩层或其他面状构造的产状要素以供参考。

上述量画的定向线,其精度误差不得超过 1°,可在岩石上平行地多画出两三条方向线,以保证其精度和质量要求。

附　录

附录 1　常见岩性图例

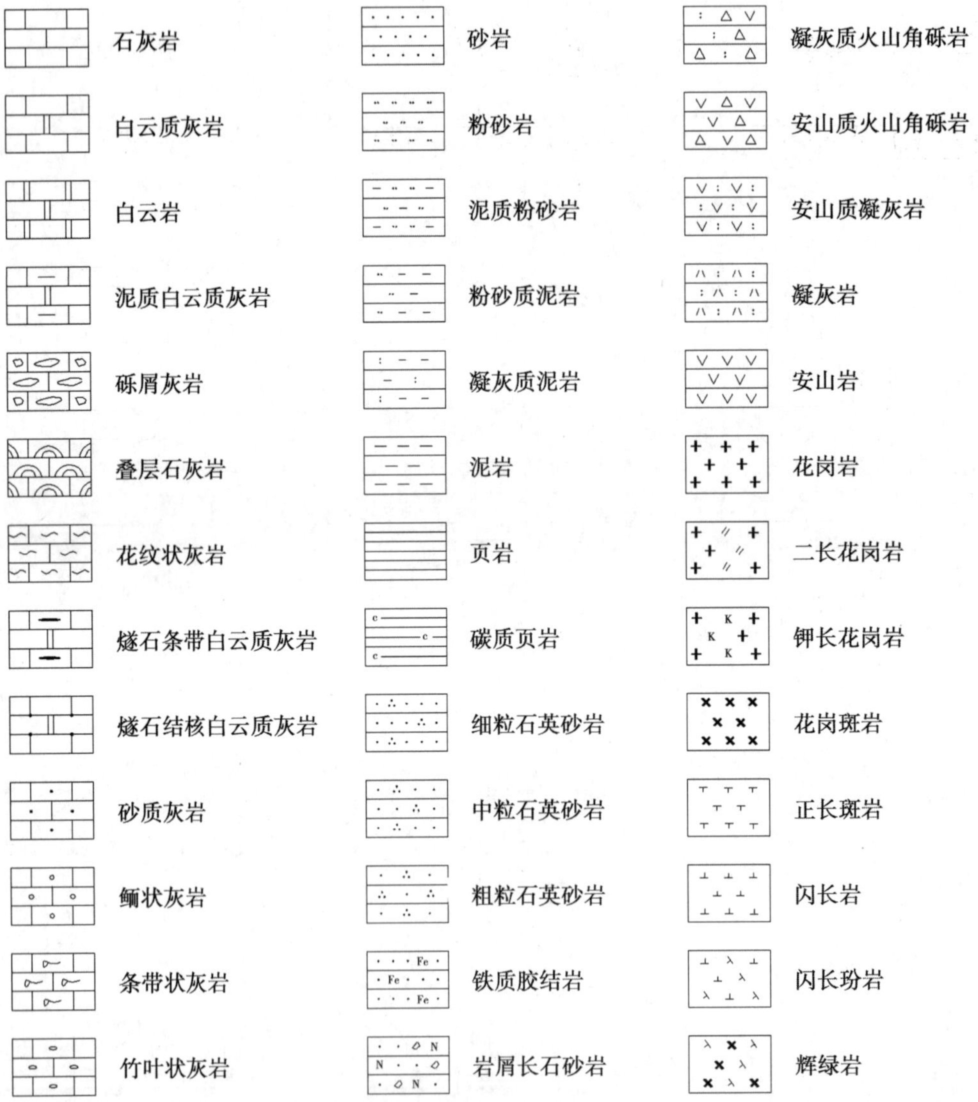

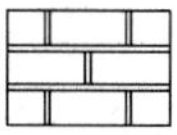	大理岩	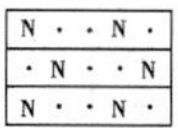	长石砂岩	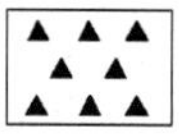	断层角砾岩
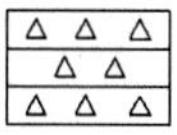	角砾岩	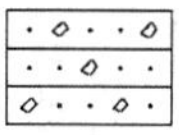	岩屑砂岩	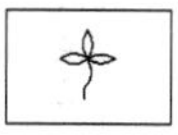	植物化石
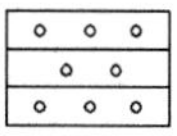	砾岩	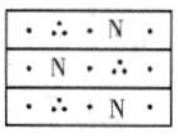	长石石英砂岩		无脊椎动物化石
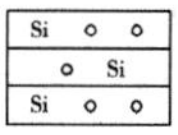	硅质砾岩	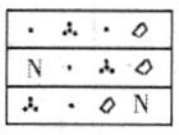	岩屑长石石英砂岩	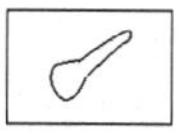	脊椎动物化石
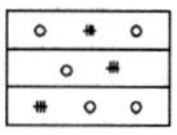	复成分砾岩	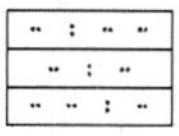	凝灰质粉砂岩	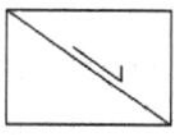	正断层
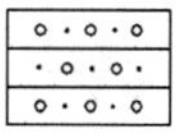	砂砾岩	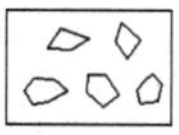	集块岩	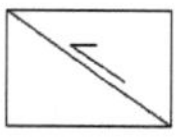	逆断层
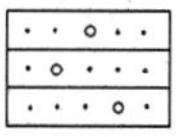	含砾砂岩	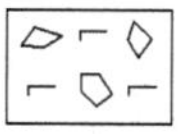	玄武质火山集块岩	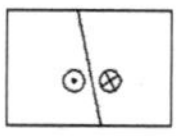	走滑断层

附录 2　倾角换算表

真倾角	岩层走向与剖面间夹角(B－C)																
(A)	80°	75°	70°	65°	60°	55°	50°	45°	40°	35°	30°	25°	20°	15°	10°	5°	1°
10°	9°51′	9°40′	9°24′	9°5′	8°41′	8°13′	7°41′	7°6′	6°28′	5°46′	5°2′	4°15′	3°27′	2°37′	1°45′	0°53′	0°10′
15°	14°47′	14°31′	14°8′	13°39′	13°34′	12°28′	11°36′	10°4′	9°46′	8°44′	7°38′	6°28′	5°14′	3°33′	2°40′	1°20′	0°16′
20°	19°43′	19°23′	18°53′	18°15′	17°30′	16°36′	15°35′	14°25′	13°10′	11°48′	10°19′	8°45′	7°6′	5°23′	3°37′	1°49′	0°22′
25°	24°48′	24°15′	23°39′	22°55′	22°0′	20°54′	19°39′	18°15′	16°41′	14°58′	13°7′	11°9′	9°3′	6°53′	4°37′	2°20′	0°28′
30°	29°37′	29°9′	28°29′	27°37′	26°34′	25°13′	23°51′	22°12′	20°21′	18°19′	16°6′	13°43′	11°10′	8°30′	5°44′	2°53′	0°35′
35°	34°36′	34°4′	33°21′	32°24′	31°13′	29°50′	28°12′	26°20′	24°14′	21°53′	19°18′	16°29′	13°28′	10°16′	6°56′	3°30′	0°42′
40°	39°34′	39°2′	38°15′	37°15′	36°0′	34°30′	32°44′	30°41′	28°20′	25°42′	22°45′	19°31′	16°0′	12°15′	8°117′	4°11′	0°50′
45°	44°34′	44°1′	43°13′	42°11′	40°54′	39°19′	37°27′	35°16′	32°44′	29°50′	26°33′	22°55′	18°53′	14°30′	9°51′	4°59′	1°0′
50°	49°34′	49°1′	48°14′	47°12′	45°54′	44°17′	42°23′	40°7′	37°27′	34°21′	30°47′	26°44′	22°11′	17°9′	11°41′	5°56′	1°11′
55°	54°35′	54°4′	53°19′	52°18′	51°3′	49°29′	47°35′	45°17′	42°33′	39°20′	35°32′	31°7′	26°2′	20°17′	13°55′	7°6′	1°26′
60°	59°37′	59°8′	58°26′	57°30′	56°19′	54°49′	53°0′	50°46′	48°4′	44°47′	40°54′	36°14′	30°29′	24°8′	16°44′	8°35′	1°44′
65°	64°40′	64°14′	63°36′	62°46′	61°42′	60°21′	58°40′	56°36′	54°2′	50°53′	46°59′	42°11′	36°15′	29°2′	20°25′	10°35′	2°9′
70°	69°43′	69°43′	68°49′	68°7′	67°12′	66°8′	64°35′	62°46′	60°29′	57°36′	53°57′	49°16′	43°13′	35°25′	25°30′	13°28′	2°45′
75°	74°47′	74°47′	74°5′	73°32′	72°48′	71°53′	70°43′	69°14′	67°22′	64°58′	61°49′	57°37′	51°55′	44°1′	32°57′	18°1′	3°44′
80°	79°51′	79°51′	79°22′	78°59′	78°29′	77°51′	77°2′	76°0′	74°40′	73°15′	70°34′	67°21′	52°43′	55°44′	44°33′	26°18′	5°31′
85°	84°56′	84°56′	84°41′	84°29′	84°14′	83°54′	83°29′	82°57′	82°15′	81°20′	80°5′	78°19′	75°39′	71°20′	63°15′	44°54′	11°17′
89°	88°59′	88°58′	88°56′	88°54′	88°51′	88°51′	88°42′	88°35′	88°27′	88°15′	88°0′	87°5′	87°5′	86°9′	84°15′	78°41′	44°15′

视倾角(D)＝arctan[tanA · cos(B－C)]　　A:真倾角　　B:倾向　　C:走向(导线方向)

附录 3　中国大陆陆地磁偏角等值线图

2006 年 9 月 16 日根据 2005 ~ 2010 年 IGRF 最高斯球谱系数计算(等值线单位:°)

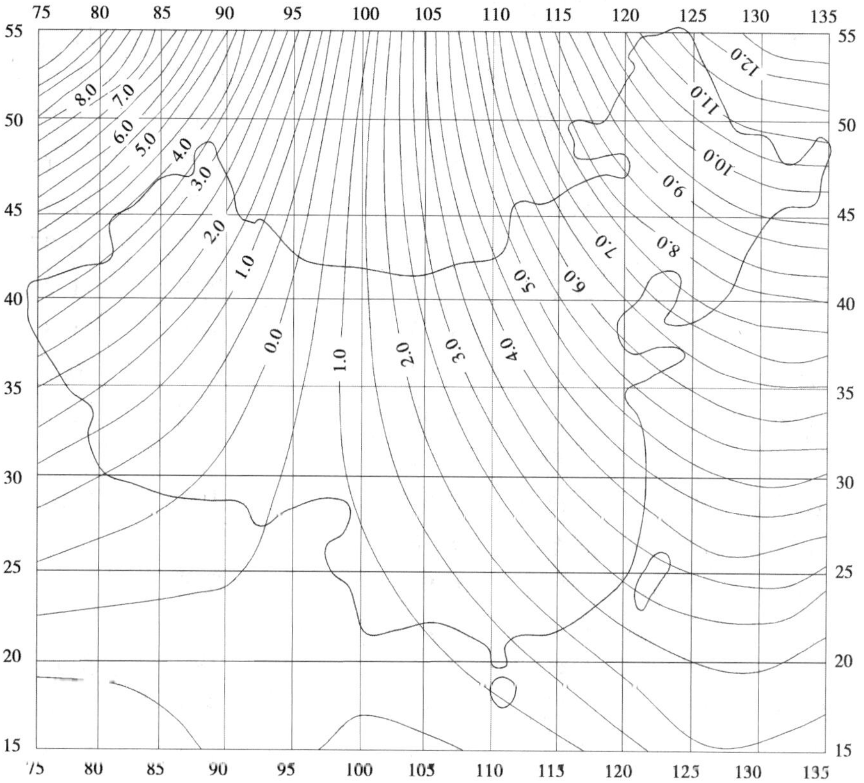

附录 4　中国各省地市磁偏角（2013 年）

北京　6.58

天津　6.58

河北

石家庄	6.63
唐山	6.98
秦皇岛	7.42
邯郸	5.35
邢台	5.43
保定	6.01
张家口	6.32
承德	7.27
沧州	6.32
廊坊	6.57
衡水	5.88

山西

太原	5.05
大同	5.68
阳泉	5.33
长治	4.88
晋城	4.68
朔州	5.28
忻州	5.18
晋中	5.04
吕梁	4.58
临汾	4.43
运城	4.13

内蒙古

呼和浩特	5.35
包头	4.68
乌海	3.53
赤峰	7.83
通辽	9.03
鄂尔多斯	4.48
呼伦贝尔	9.93
乌兰察布	5.52
锡林郭勒	7.4
巴彦淖尔	3.85
啊拉善盟	3.12
兴安盟	9.68

辽宁

沈阳	8.75
大连	7.58
鞍山	8.47
抚顺	8.87
本溪	8.67
丹东	8.38
锦州	8.08
营口	8.20
阜新	8.45
辽阳	8.53
盘锦	8.28
铁岭	8.93
朝阳	8.05
葫芦岛	7.92

吉林

长春	9.67
吉林	9.87
四平	9.32
辽源	9.37
通化	9.13
白山	9.37
松原	9.99
白城	9.73

黑龙江

哈尔滨	10.47
齐齐哈尔	10.47
牡丹江	10.38
佳木斯	11.15
大庆	10.48
鸡西	10.72
双鸭山	11.13
伊春	11.32
七台河	10.87
鹤岗	11.28
黑河	11.32
绥化	10.71
大兴	12.13

上海　5.53

江苏

南京	5.58
无锡	5.42
徐州	5.48
常州	5.43
苏州	5.42
南通	5.63
连云港	5.98
淮阴	5.73
盐城	5.85
扬州	5.48
镇江	5.43
泰州	5.58
宿迁	5.63
常州	5.55

浙江

杭州	5.08
宁波	5.20
温州	4.62
嘉兴	5.30

湖州	5.22
绍兴	5.08
金华	4.72
衢州	4.58
舟山	5.32
台州	4.87
丽水	4.63

安徽

合肥	4.93
芜湖	5.05
蚌埠	5.22
淮南	5.07
马鞍山	5.13
淮北	5.33
铜陵	4.83
安庆	4.62
黄山	4.67
滁州	5.27
宣城	5.02
阜阳	4.87
宿州	5.28
巢湖	5.00
六安	4.70
亳州	5.07
池州	4.73

福建

福州	3.97
厦门	3.45
莆田	3.78
三明	3.78
泉州	3.63
漳州	3.40
南平	3.85
龙岩	3.45
宁德	4.15

江西

南昌	4.02
景德镇	4.38
萍乡	3.43
九江	4.23
新余	3.67
鹰潭	4.12
赣州	3.30
吉安	3.55
宜春	3.58
上饶	4.32
抚州	3.93

山东

济南	6.03
青岛	6.57
淄博	6.27
枣庄	6.62
东营	6.55
烟台	7.18
潍坊	6.48
济宁	5.60
泰安	5.88
威海	7.30
日照	6.25
莱芜	6.03
临沂	5.93
德州	5.98
聊城	5.68
滨州	6.38
菏泽	5.30

河南

郑州	4.73
开封	4.92
洛阳	4.42
平顶山	4.45
安阳	5.20
鹤壁	5.12
新乡	4.92
焦作	4.73
濮阳	5.30
许昌	4.65
漯河	4.62
三门峡	4.13
南阳	4.15
商丘	5.17
信阳	4.37
济源	4.53
周口	4.71
驻马店	4.50

湖北

武汉	4.10
黄石	4.17
十堰	3.70
宜昌	3.48
襄樊	3.88
鄂州	4.17
荆门	3.73
孝感	4.07
荆州	3.63
黄冈	4.18
咸宁	3.85
随州	4.12
潜江	3.71
仙桃	3.88
天门	3.87
恩施	3.05

湖南

长沙	3.40
株洲	3.33
湘潭	3.35
衡阳	3.10
邵阳	2.97
岳阳	3.63
常德	3.30

张家界	3.07
益阳	3.35
郴州	2.98
永州	2.87
怀化	2.71
娄底	3.13
湘西	2.82
广东	
广州	2.57
深圳	2.57
珠海	2.47
汕头	3.05
佛山	2.52
韶关	2.92
河源	2.87
梅州	3.17
惠州	2.72
汕尾	2.78
东莞	2.62
中山	2.47
江门	2.45
阳江	2.18
湛江	1.92
茂名	2.03
肇庆	2.45
清远	2.63
潮州	3.12
云浮	2.37
香港	2.55
澳门	2.43
广西	
南宁	1.88
崇左	1.72
柳州	2.22
来宾	2.12
桂林	2.48
梧州	2.35
贺州	2.53
玉林	2.08
荣县	2.18
贵港	2.08
百色	1.78
钦州	1.82
河池	2.08
宜州	2.12
北海	1.80
防城港	1.70
海南	
海口	1.73
三亚	1.40
三沙	1.38
重庆	2.38
四川	
成都	2.02
自贡	2.03
攀枝花	1.38
泸州	2.12
德阳	2.12
绵阳	2.20
广元	2.53
遂宁	2.28
内江	2.12
资阳	2.07
乐山	1.87
南充	2.43
宜宾	2.05
广安	2.50
达州	2.75
眉山	1.92
巴中	2.70
雅安	1.78
甘孜	1.58
阿坝	1.73
凉山	1.53
贵州	
贵阳	2.08
六盘水	1.82
遵义	2.27
安顺	1.93
黔南	2.18
黔西南	1.68
黔东南	2.28
铜仁	2.63
毕节	1.85
云南	
昆明	1.42
曲靖	1.52
玉溪	1.37
昭通	1.72
楚雄	1.28
红河	1.38
文山	1.47
普洱	1.13
西双版纳	1.80
大理	1.18
保山	1.07
德宏	0.98
丽江	1.22
怒江	1.08
迪庆	1.17
临沧	1.12
陕西	
西安	3.48
铜川	3.57
宝鸡	3.07
咸阳	3.43
渭南	3.65

延安	3.97
汉中	2.87
榆林	4.27
安康	3.28
商洛	3.68
杨凌	3.48

甘肃

兰州	2.35
嘉峪关	0.88
金昌	2.02
白银	2.47
天水	2.72
平凉	3.03
庆阳	3.33
陇南	2.42
定西	2.52
武威	2.12
张掖	1.52
酒泉	0.95
临夏	2.15
甘南	2.03

青海

西宁	1.83
格尔木	0.18
德令哈	0.73
海东	1.70
海北	1.62
海南	1.52
海西	0.73
黄南	1.85
玉树	0.71
果洛	1.52

宁夏

银川	3.23
石嘴山	3.33
吴忠	3.17
中卫	2.82
固原	2.98

新疆

乌鲁木齐	-2.68
克拉玛依	-3.92
吐鲁番	-2.08
哈密	-0.78
昌吉	-2.80
博尔塔拉	-4.42
巴音郭楞	-2.58
阿克苏	-3.58
克孜	-3.73
喀什	-3.65
和田	-2.48
伊犁	-4.22
塔城	-4.85
阿勒泰	-3.60
石河子	-3.23
阿拉尔	-3.22
图木舒克	-3.38
五家渠	-2.80

西藏

拉萨	-0.12
那曲	-0.07
昌都	-0.82
林芝	-0.47
山南	-0.22
日喀则	-0.08
阿里	-1.42

台湾

台北	4.00
台中	3.71
高雄	3.43
台南	3.43
台东	3.42

参考文献

[1] 中华人民共和国国土资源部. 固体矿产勘查原始地质编录规程:DZ/T 0078—2015[R].
[2] 杨沈生,王东风. 构造地质[M]. 郑州:黄河水利出版社,2016.
[3] 杨云保,唐永虎,徐惠长. 固体矿产勘查技术[M]. 北京:地质出版社,2016.
[4] 冯明,张先,吴继伟. 构造地质学[M]. 北京:地质出版社,2014.
[5] 刘志宏,梁一鸣,徐仲元,等. 构造地质学[M]. 北京:地质出版社,2011.
[6] 张梅生,王锡魁,郭巍,等. 地球科学野外实习指导书——兴城地质[M]. 北京:地质出版社,2013.
[7] 徐耀鉴. 岩石学[M]. 北京:地质出版社,2007.
[8] 彭真万,刘青宪,徐明. 矿物学基础[M]. 北京:地质出版社,2009.
[9] 肖渊甫,郑荣才,邓江红. 岩石学实验教程[M]. 北京:地质出版社,2016.
[10] 吴静,周梅,王蝶. 岩石学实验指导书[M]. 北京:地质出版社,2016.
[11] 辽宁省地质矿产局. 辽宁省区域地质志[M]. 北京:地质出版社,1989.
[12] 中华人民共和国国家标准. 区域地质图图例(1:50 000):GB 958—99[R].